电池科普与环保①

电池大家族

马建民 / 主编　　咪柯文化 / 绘

电子科技大学出版社
University of Electronic Science and Technology of China Press
· 成都 ·

前言

人类对能源的探索永不停止

人类对能源的探索，自古以来就未曾停歇。由于地球上可供开采的煤炭、石油、天然气等非再生能源十分有限，因此，现在全世界都将目光聚焦在太阳能、风能、核能、潮汐能等再生能源的开发与利用上。

能源问题是关系国家安全、社会稳定和经济发展的重大战略问题。如何优化资源配置，提高能源的有效利用率，对人类的生存和国家的发展都具有十分重要的意义。

如何积极发展新能源是人类必须共同面对的一项重大技术课题。新能源技术的不断进步，特别是动力系统的不断改进，为能源结构的转型提供了可能。然而，虽然新能源的类型很多，但世界上至今还没有出现实用的、经济有效的、大规模的直接储能方式。因此，人类不得不借助其他间接的储能方式。

电能，作为支撑人类现代文明的二次能源，它既能满足大量生产、集中管理、自动化控制和远距离输送的需求，又具有使用方便、洁净环保、经济高效的特点。用电能替代其他能源，可以提高能源的利用效率。

我们今天所有的可移动电子设备，其运行都离不开电池。电池的出现使人类的生活更加便捷，特别是在信息时代来临之后，电池的重要性更为突出。我国不仅是世界排名第一的电池生产大国，还是世界排名第一的电池消费大国。

虽然人类在电池的研究方面已经取得了丰硕的成果，但研究者一直在寻找更好的电能储存介质。随着科学的发展、新能源技术的成熟，在未来，哪一种类型的电池能够脱颖而出还未可知。希望此书能激发孩子们对电池的兴趣，未来能为我们揭晓谜底。

马建民

2024 年 3 月

电池大家族·族谱

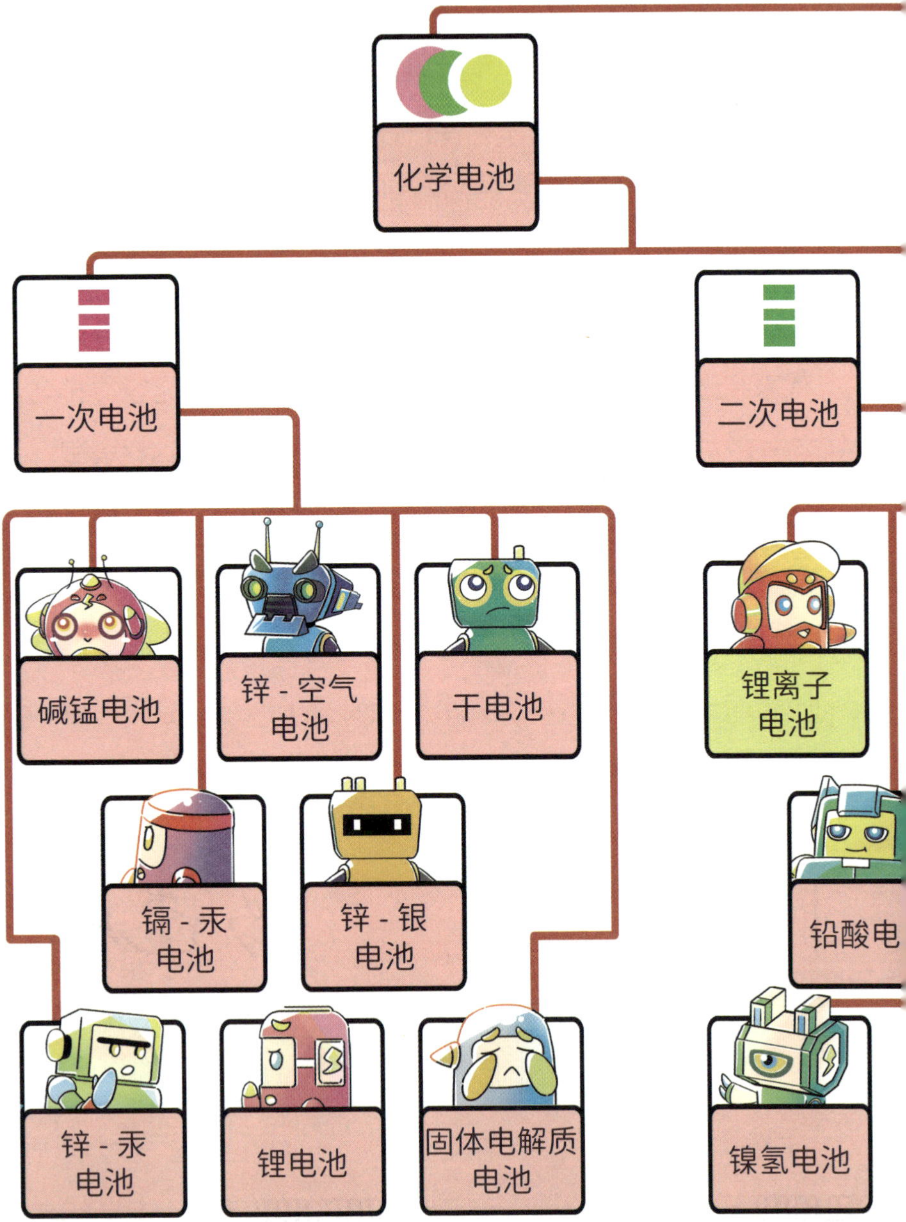
化学电池
一次电池
二次电池
碱锰电池
锌 - 空气电池
干电池
锂离子电池
镉 - 汞电池
锌 - 银电池
铅酸电
锌 - 汞电池
锂电池
固体电解质电池
镍氢电池

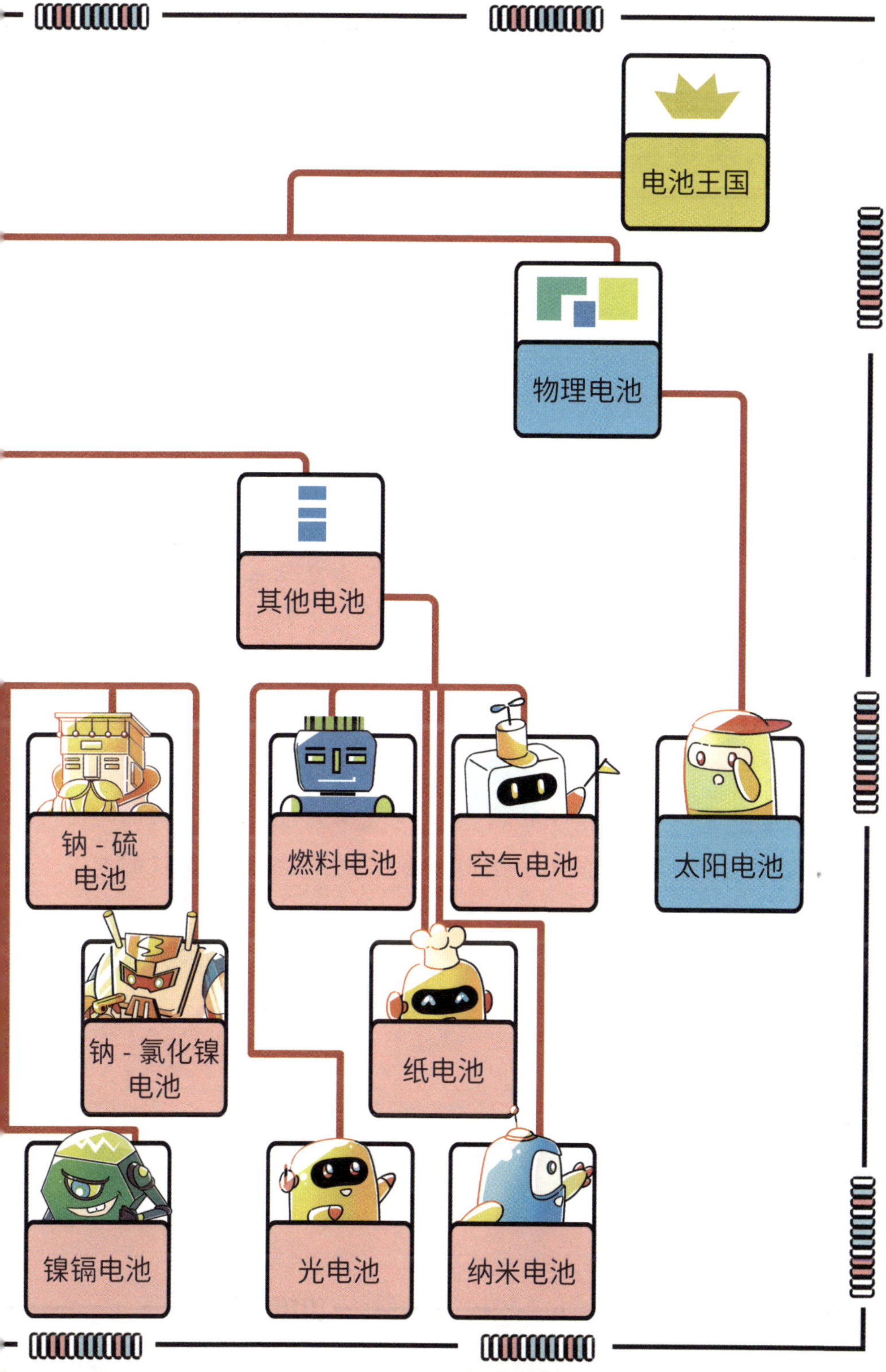
电池王国
物理电池
其他电池
钠 - 硫电池
燃料电池
空气电池
太阳电池
钠 - 氯化镍电池
纸电池
镍镉电池
光电池
纳米电池

故事导读

电池王国是一个庞大的国度，生活着许许多多的电池家族，每个家族的电池人都有着特殊的本领。他们勤劳能干，驱动各种设备运转，促进人类世界不断发展。

在电池王国里，每天都有故事发生着，这不，在电池王国成立纪念日这天，一条消息席卷了全国——五年一届的全国电池大赛启动了。各种类型的电池都摩拳擦掌，准备大展身手。

经过预选赛和初赛，两个来自不同家族的电池人突出了重围。赛事正在如火如荼地进行着，国王突然宣布了一个爆炸性的消息——冠军得主将是未来的国王。大家有点不敢相信，谁会主动放弃获得王权的机会呢？

大家议论纷纷，原来，这背后有着许多不为人知的故事……让我们一起去看看，这场电池王国里的较量吧！

角色介绍

锂锂

家族：

锂离子电池

氢天天

家族：

镍氢电池

机器人 X

大铅

家族：
铅酸电池

锌博士

家族：
锌-空气电池

镍霸

家族：
镍镉电池

王一硫

家族：
钠-硫电池

王一氯

家族：
钠-氯化镍电池

锰叨叨

家族：
碱锰电池

目 录

1

相约决赛

一大早，机器人X清脆的声音打断了锂锂的工作。啪！电视机被打开了，原来是电池王国五年一度的“电池竞技大赛”即将举行。

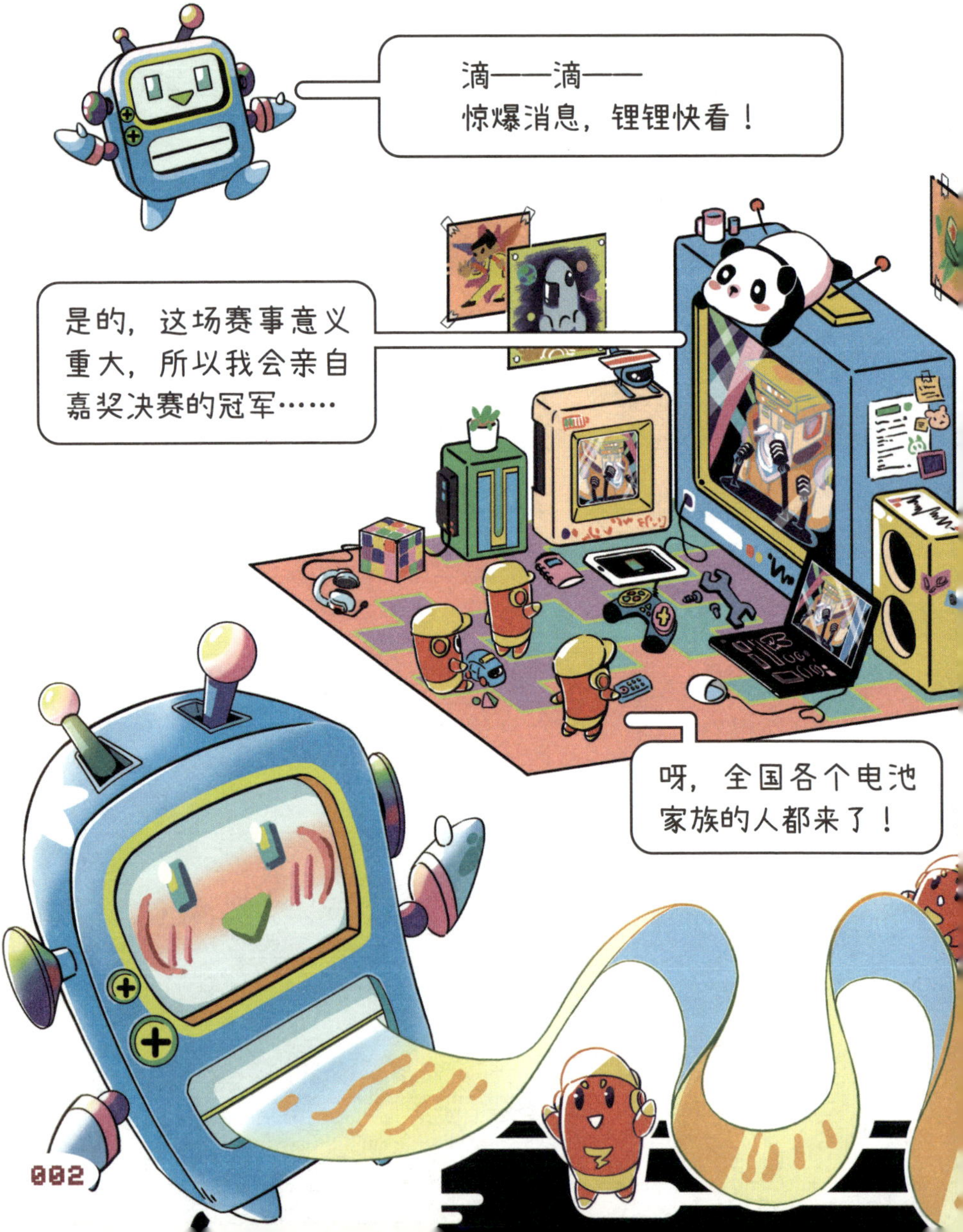

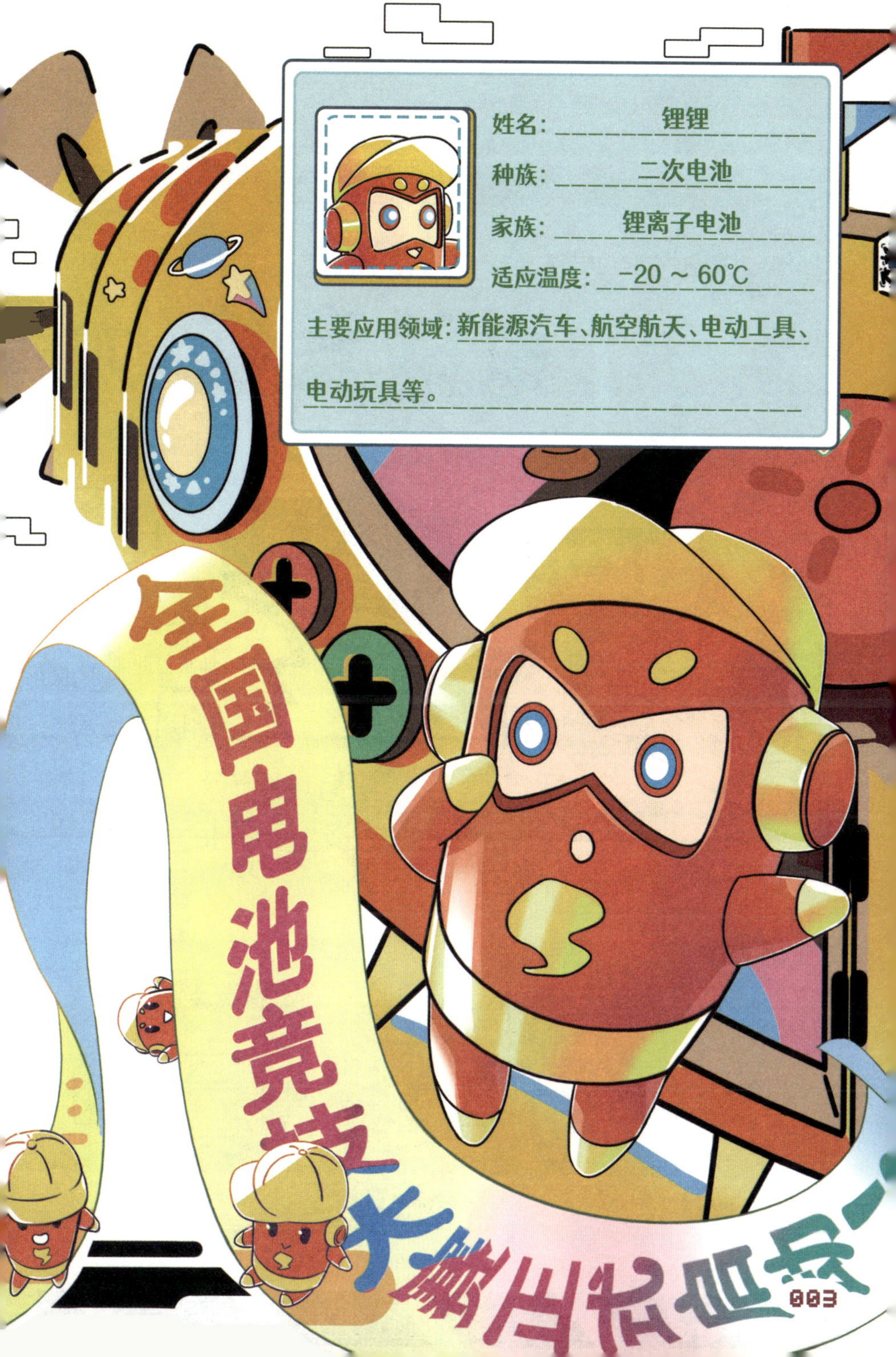
姓名：锂锂
种族：二次电池
家族：锂离子电池
适应温度：-20 ~ 60℃
主要应用领域：新能源汽车、航空航天、电动工具、电动玩具等。
全国电池竞技

锂锂赶紧来到了预选赛场入口，熙熙攘攘的人群已经把报名处围了个水泄不通。

赛场内，各式各样的机器人停在各自的工作仓，令人目不暇接。

电池竞技大赛预选赛正式开始，锂锂进入8号工作仓，这是制作饮料的机器人的工作仓。锂锂娴熟的操作取得了高达9分的优异成绩。

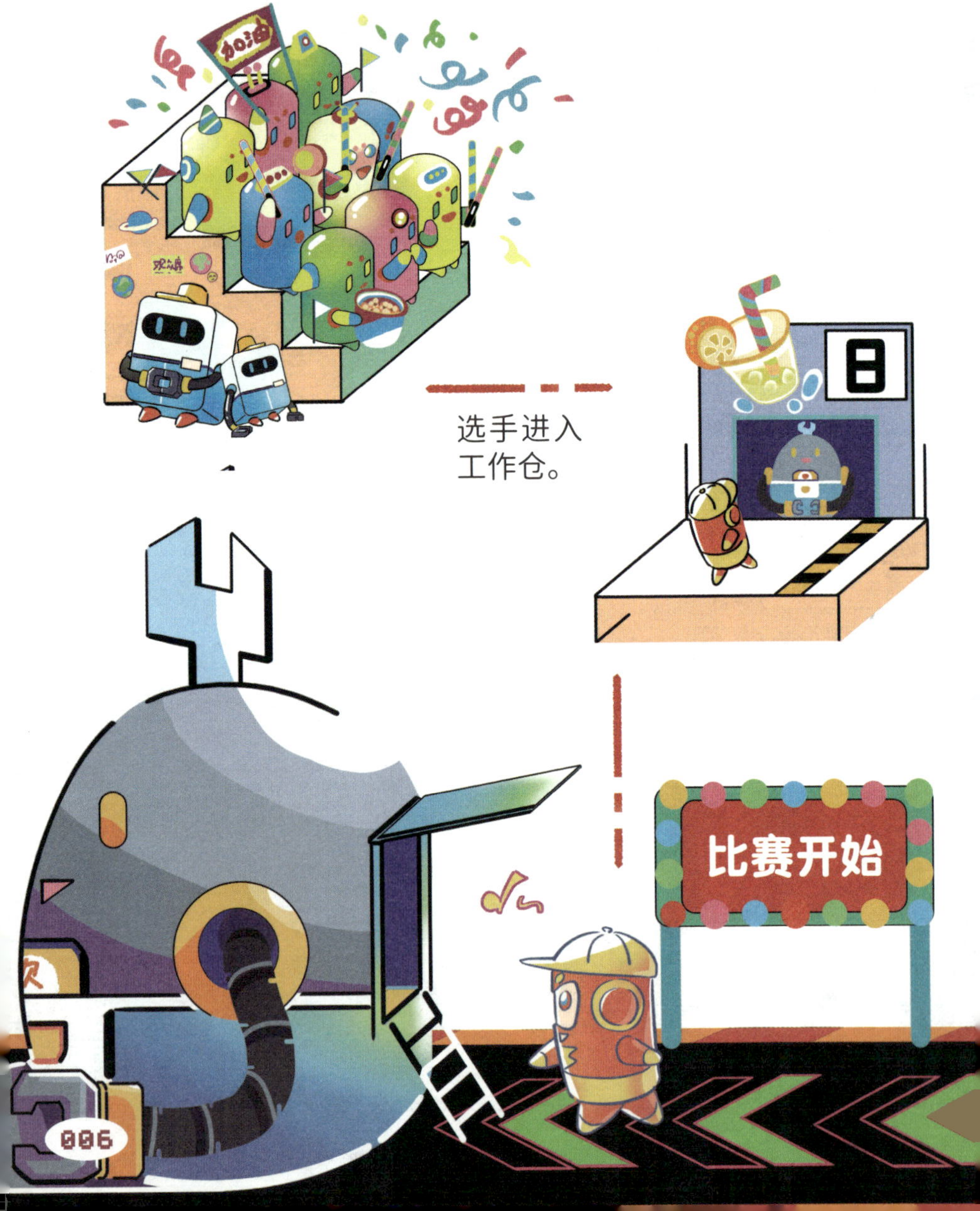

1
2
3
9
比赛结束

锂锂非常高兴，哼着小曲儿走出工作仓。

在经过大铅的工作仓门口时，锂锂用余光扫到，他的成绩也是9分，不由对这位胖胖的、萌萌的，还一副学识渊博模样的电池人产生了兴趣。

姓名：大铅

种族：二次电池

家族：铅酸电池

适应温度：-20～60℃

主要应用领域：交通工具、电力系统、通信设备、工业设备、国防军工等。

正当他们沟通交流之时，10 号仓内，氢天天驾驶电动货车以极快的速度完成了配货。

随后清点、装车、加固、发车、到站、卸货，动作一气呵成，数量分毫不差，货物完好无损。

氢天天同样取得了 9 分的高分，观众台上爆发的掌声如潮水般此起彼伏，这也引起了锂锂和大铅的注意。他们正走到赛场门口，回头看到这一幕，不约而同地发出了赞叹。

姓名：氢天天

种族：二次电池

家族：镍氢电池

适应温度：−20 ~ 70℃

主要应用领域：太阳能照明、电动工具、电动玩具、家用电器、移动照明等。

卧虎藏龙的竞技大赛，未知的强劲对手，这一切都使锂锂和大铅感到无比兴奋！于是，他们击掌相约——决赛再见！

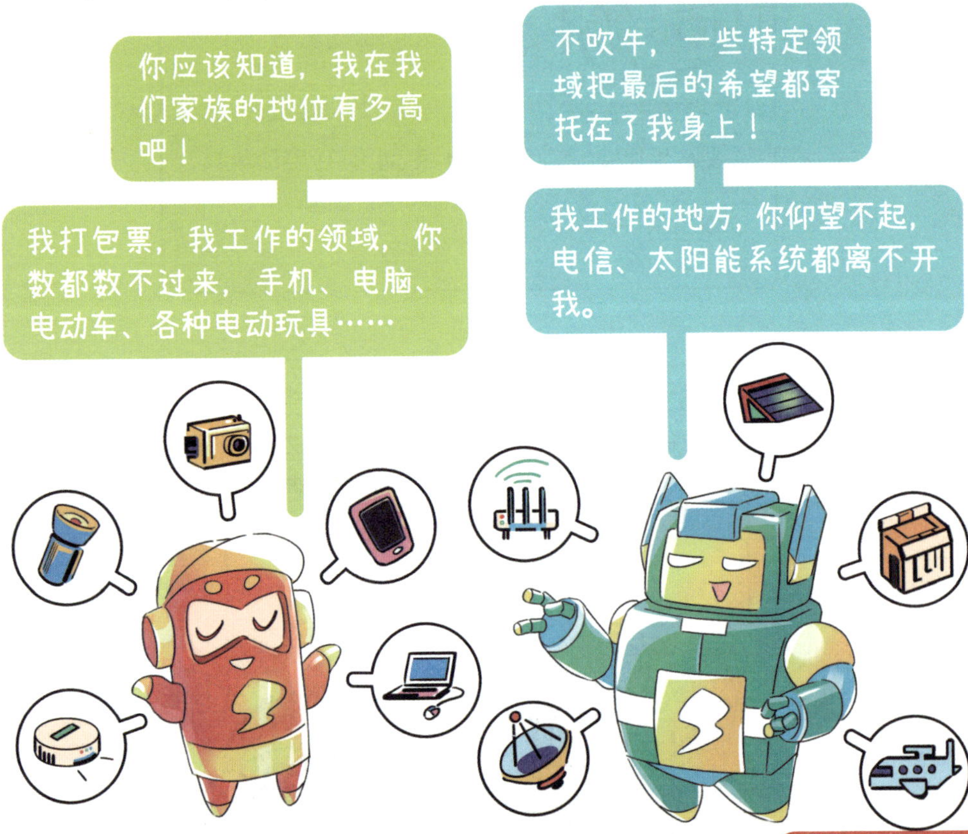

2

初赛——电池三项大比拼

转眼就到了初赛时间，裁判王一氯正在主席台上宣讲初赛内容和规则，通过了预选赛的选手们则在台下叽叽喳喳地讨论着。

姓名：王一氯

种族：二次电池

家族：钠－氯化镍电池

适应温度：250～350℃

主要应用领域：电网储能、通讯基站、动力电源、新能源汽车等。

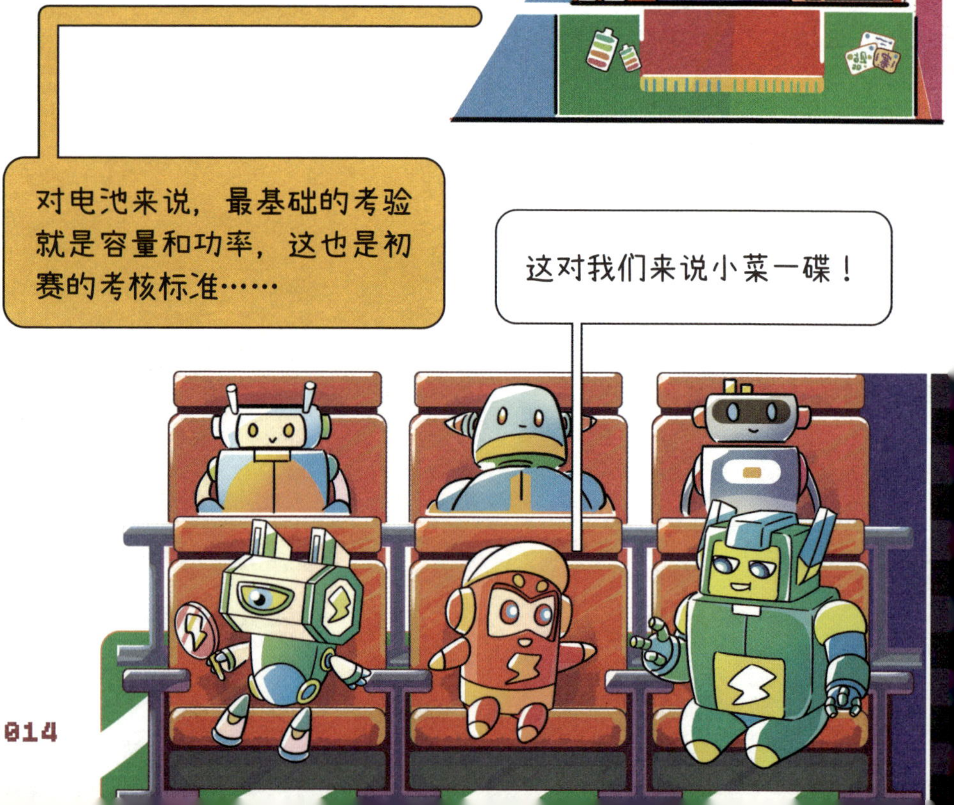

姓名：猛叨叨

种族：一次电池

家族：碱锰电池

适应温度：−20 ~ 60℃

主要应用领域：军事通信装备、照相机、电动工具、电动玩具、游戏机等。

姓名：镍霸

种族：二次电池

家族：镍镉电池

适应温度：−30 ~ 50℃

主要应用领域：电动工具、电动玩具、应急灯、便携式照相机、无绳电话等。

在裁判的示意下，大家逐渐安静下来。观众席上，只有镍霸还在和他的跟班们说着悄悄话……

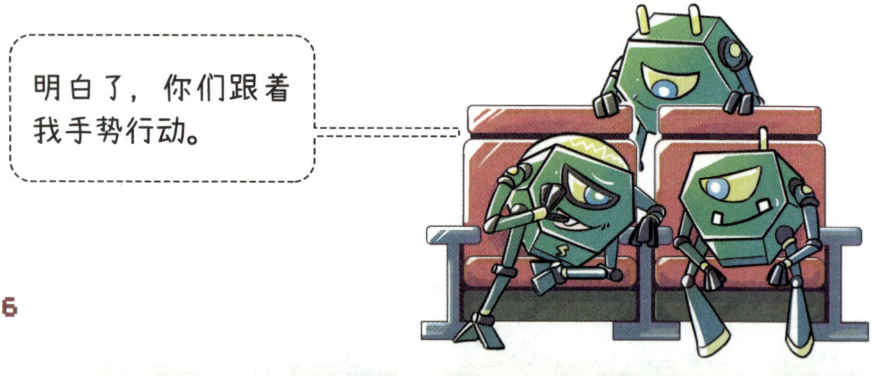

初赛第一场——电动船竞速，赛场是在一条宽阔的河流之上，是从一座码头出发，到河流转弯处的另外一个码头结束。

初赛第一场——电动船竞速

裁判一声令下，初赛第一场比赛正式开始！

由锂锂驾驶的8号电动船如箭离弦，刚一开始就显现出了勇者无敌的势头。由大铅驾驶的9号电动船紧跟其后，其他电动船也不甘示弱紧紧追随。

赛事如火如荼，稳居第一、二名的8号电动船和9号电动船仍风驰电掣般向终点飞奔，此时已与其他船只拉开了一段距离，整个比赛演变成锂锂与大铅两位选手之间的对决。

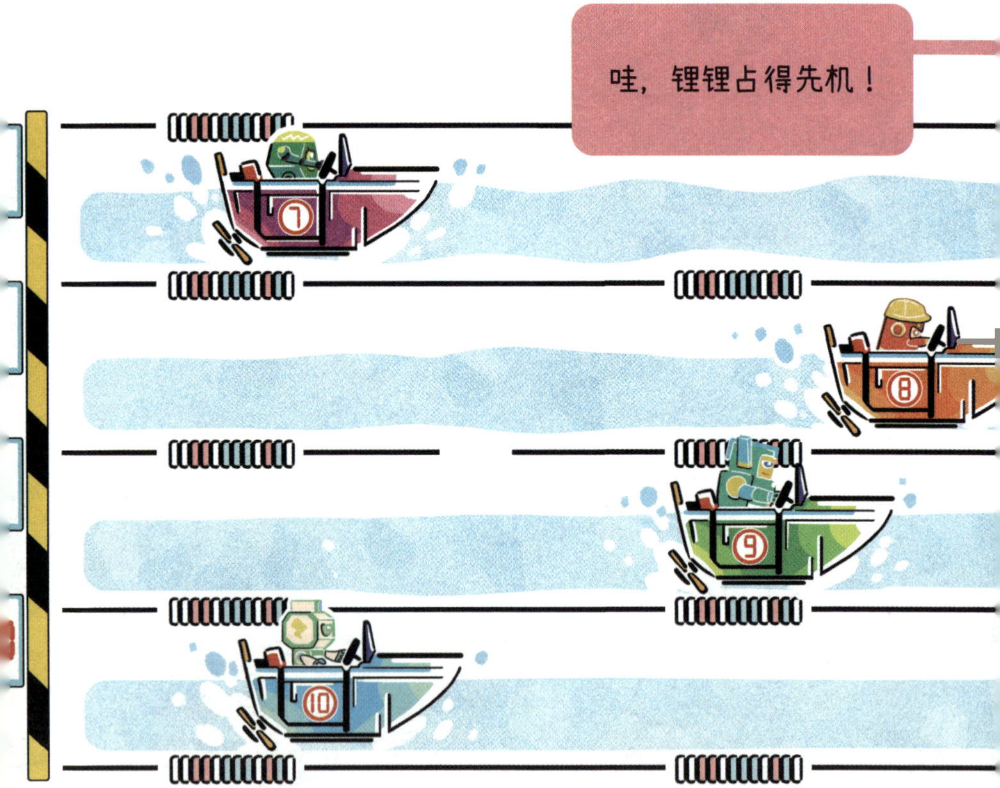

虽然有些许落后，大铅并不气馁，仍专注驾驶，奋力追赶。到了河流中游，8号电动船与9号电动船的距离越缩越短，渐渐地，9号电动船超越了8号电动船。

即将冲刺终点了，赛事进入白热化阶段！锂锂在最后一个弯道瞅准时机突然发力，只是瞬间，8号电动船和9号电动船又并驾齐驱了。

随着裁判的令旗挥动，一场你争我夺的比赛结束了。最终，8号电动船第一个靠岸。

锂锂第一名，大铅第二名，锌博士第三名……

初赛第一场，锂锂以领先 0.01 秒的成绩险胜大铅，拿下第一名。

姓名：锌博士

种族：一次 / 二次电池

家族：锌－空气电池

主要应用领域：铁路和航海灯标装置、助听器、电动自行车等。

初赛第二场——公路电动汽车竞速，赛道是一条在山林之间蜿蜒盘旋的公路。

嗡嗡——比赛开始，场上所有电动汽车齐刷刷地冲出。啦啦队跳起了舞，高处观众席上的观众都站了起来，为选手们呐喊助威。

—公路电动汽车竞速

赛程刚开始，选手们刚进入第一个弯道，就发生了事故。本该在第三车道行驶的由镍霸驾驶的电动汽车，不知怎的竟脱离了自己的赛道，向一旁的第四车道直冲而去。

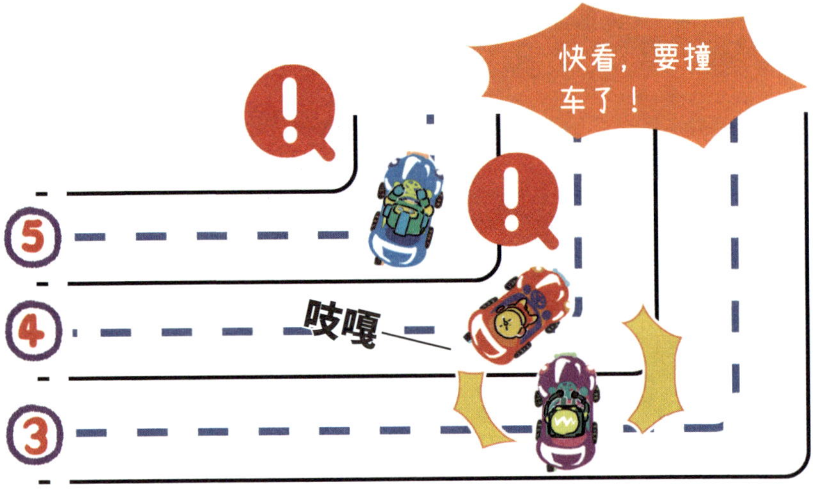

由锂锂驾驶的电动汽车躲闪不及，失去了控制，一下撞到了正行驶在第二车道的大铅所驾驶的车上。

幸好大铅的安全性极好，这才没有电池人伤亡，只是锂锂的电动车车轮陷进了一个小坑里，发动机发出呜呜的声音，无法再继续行驶。

大铅见状，并没有立即重新启程，而是选择了帮助锂锂。他们合力将车从坑里弄了出来，这才继续上路。

而身为罪魁祸首的镍霸仿佛只是晃了一下神，在酿成这场事故之后瞬间回归了自己的赛道，火力全开继续向终点奔去。

选手们陆续抵达终点。果然，锂锂和大铅因为这次事故落后许多，锌博士、氢天天、镍霸夺得了前排名次。

锌博士、氢天天、镍霸分别位列前三，第四名是……

比赛结束后，锂锂为表感谢，邀请大铅到自己家中一起用晚餐。饭桌上，两人聊到今天的比赛，都不免显得有些垂头丧气。

机器人X来到桌前，播放了他对这场事故原因的调查结果，大家这才恍然大悟，原来都是镍镉电池家族在捣鬼！

下一场比赛是无人机航拍与竞速，为了以防万一，锂锂和大铅决定为他们的无人机临时加装紧急避障系统，这样或许能够应对镍镉电池家族的攻击。

第三场比赛——无人机航拍竞速，设置于户外一片开阔的草地上，各式各样的自制无人机使人目不暇接。

这场比赛对选手与设备的要求都相当高，飞行当中除了需要满足安全性与稳定性的条件以外，同时还要兼顾到速度、反应度和灵活度，才能取得优异的成绩。

随着发令信号响起，起降台上所有无人机应声起飞，嗡嗡的振动声此起彼伏。

不同于前两场有开阔赛道的比赛，这更像是一场混战！有一些表现优异的无人机能够灵敏地冲出重重机群的包围，到达目标物附近；另一些就没那么幸运了，飞行途中就跌落到草地上，直接丢掉此场比赛资格了。

锂锂遥控着无人机也顺利到达了目标物附近，锂锂正在专心拍摄，没有注意到身后有架无人机正在悄悄靠近……

突然，由锂锂所遥控的无人机猛然晃动了一下，是昨晚刚刚安装的紧急避障系统生效了！镍霸遥控的无人机猛然撞击而来，触发了锂锂所驾驶的无人机的感应功能，锂锂的无人机自动闪避到安全区域去了。

附近正在拍摄的电池人们都留意到了镍霸这种没有竞技精神的行为，不约而同地抵制起来，只为守护心中的正义，维持比赛的公开、公正、公平！

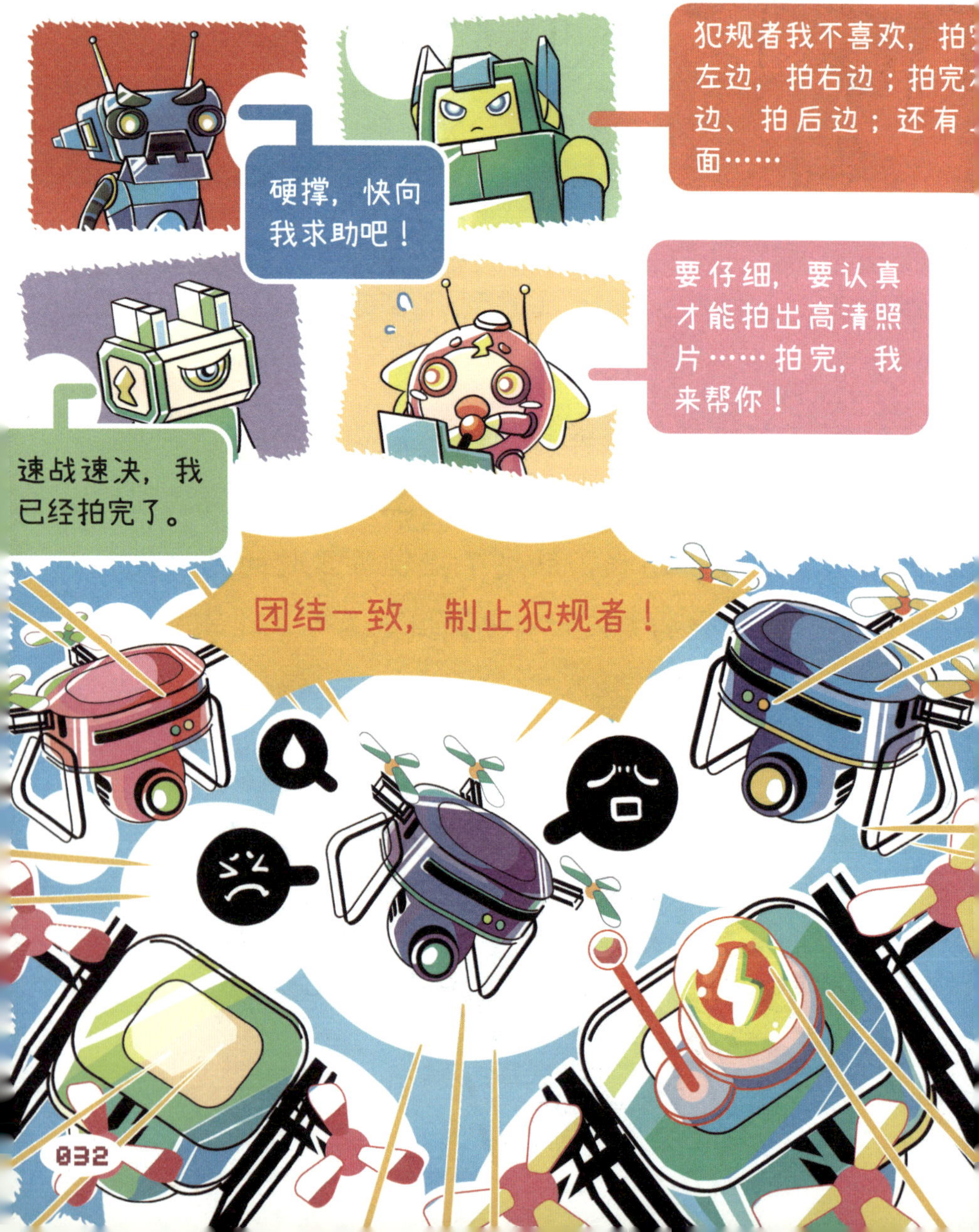

摆脱了镍霸的骚扰，锂锂遥控着无人机顺利地飞向目标物上方并成功拍好了照片。

计时结束，选手们遥控无人机陆陆续续降落到起降台上。

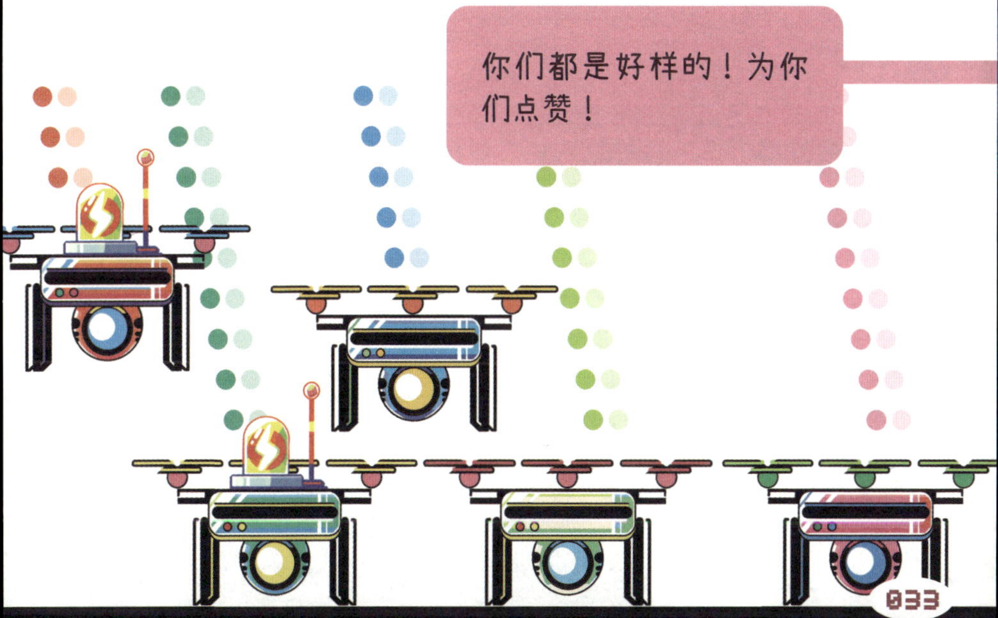

初赛的最后一场比赛结束了，不少选手的无人机没能按时进入起降台范围，就不得不滑行降落了。

在一片争议与感动当中，众电池陆陆续续走出了赛场，来到休息室，纷纷对镍镉电池谴责起来。

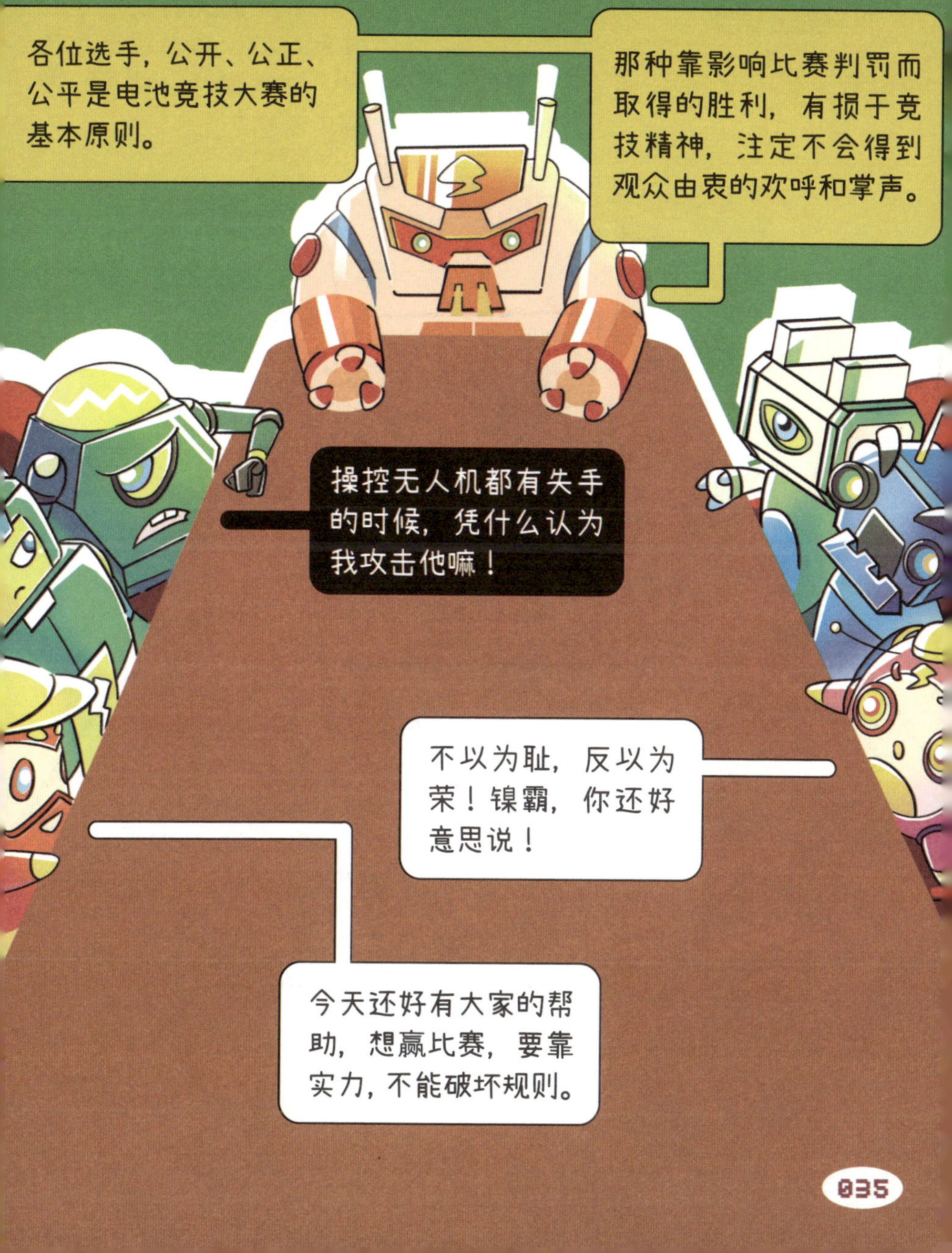

有输有赢、充满悬念正是比赛的精彩之处。我宣布，初赛到此结束！
晋级赛入围者需要根据三场比赛的综合成绩判定，我们在计算完每位选手得分后，将公布晋级选手名单。请大家好好休息，留意比赛通知！
好的，裁判！

3

极具挑战的晋级赛

清晨，睡梦中的锂锂被一阵轻音乐吵醒，机器人X突然放声歌唱起来。原来是初赛结果公布了，锂锂成功晋级！整个房间都荡漾着欢呼声与祝贺声。

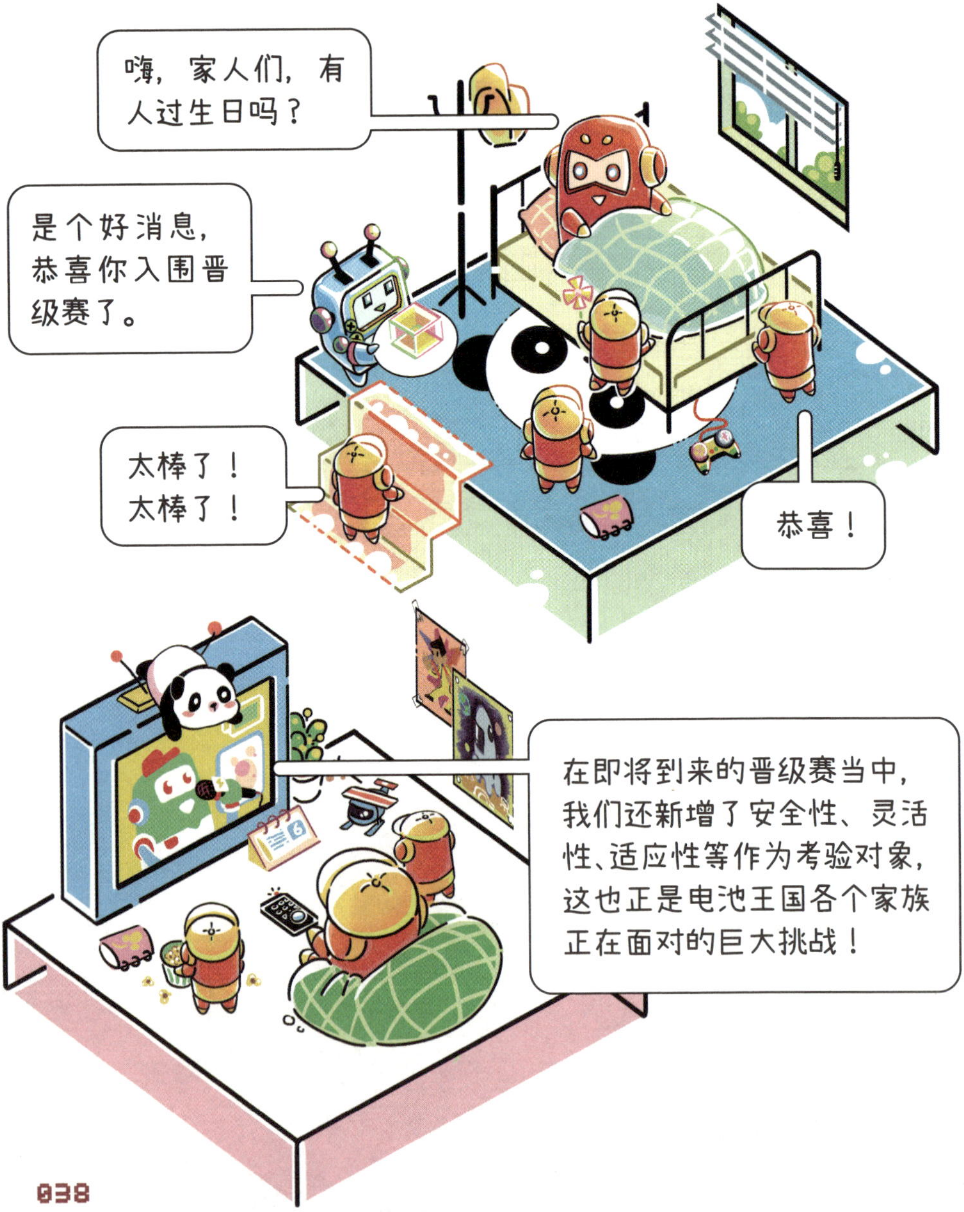

锂锂瞬间清醒，一个跟头就从床上翻坐起来，来到电视机跟前仔细观看，晋级赛的驾驶装置竟然是由选手现场自由组装！

晋级赛前夜，各路选手仍在为组装驾驶装置费尽脑力。

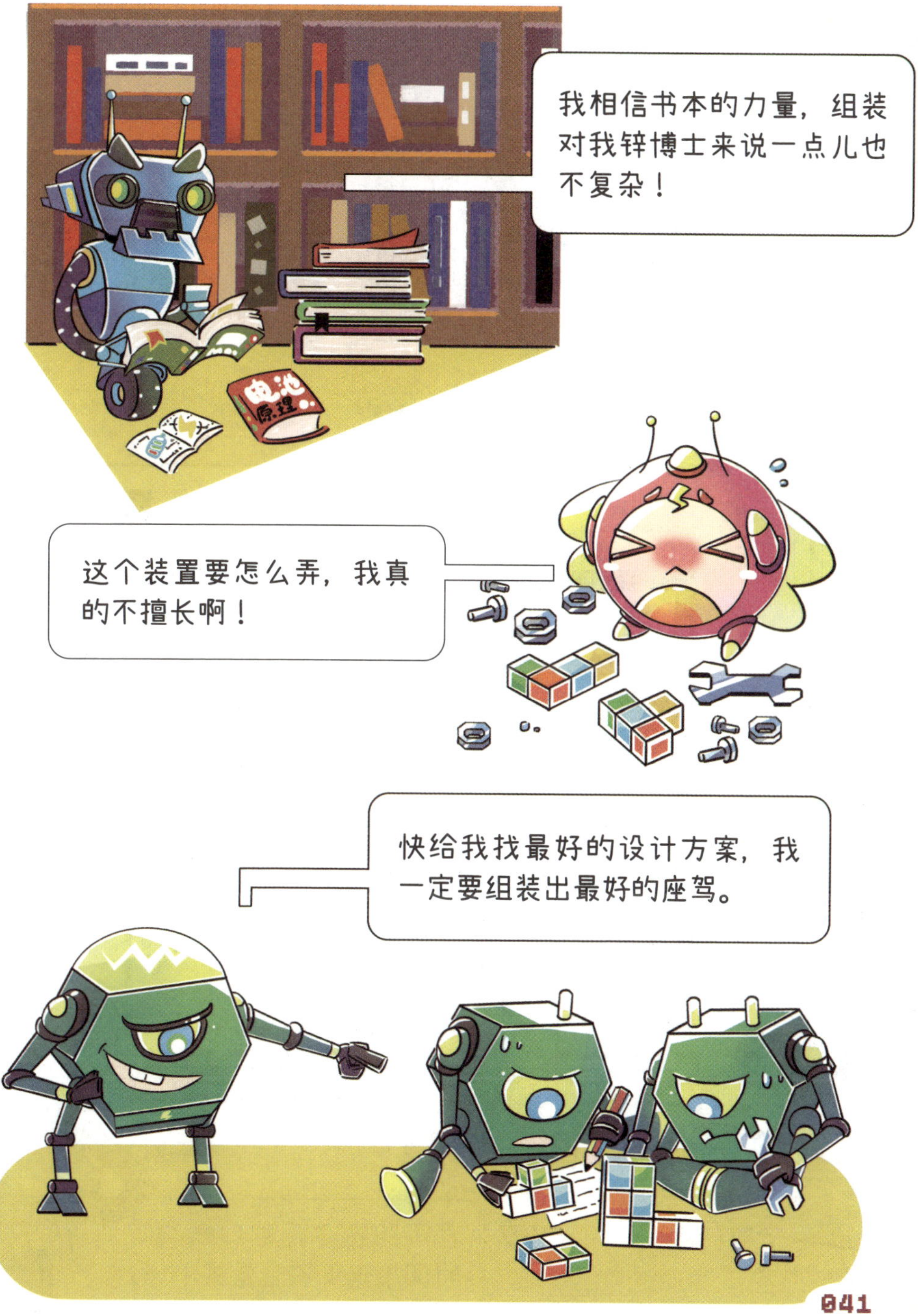
我相信书本的力量，组装对我锌博士来说一点儿也不复杂！
电池原理
这个装置要怎么弄，我真的不擅长啊！
快给我找最好的设计方案，我一定要组装出最好的座驾。

转眼就来到第二天，随着赛事开始时间越来越近，选手们愈发斗志激昂，在万众瞩目下走进了赛场。

作为五年一度的国家级赛事，如此节奏紧凑的赛程与逐渐拔高的难度引起了部分观众的质疑。

一 晋级赛

进入赛场，首先来到的是赛前准备室，选手们需要在这里组装好自己的驾驶装置。这一步骤大家都早有准备，显得胸有成竹的样子，锰叨叨除外。

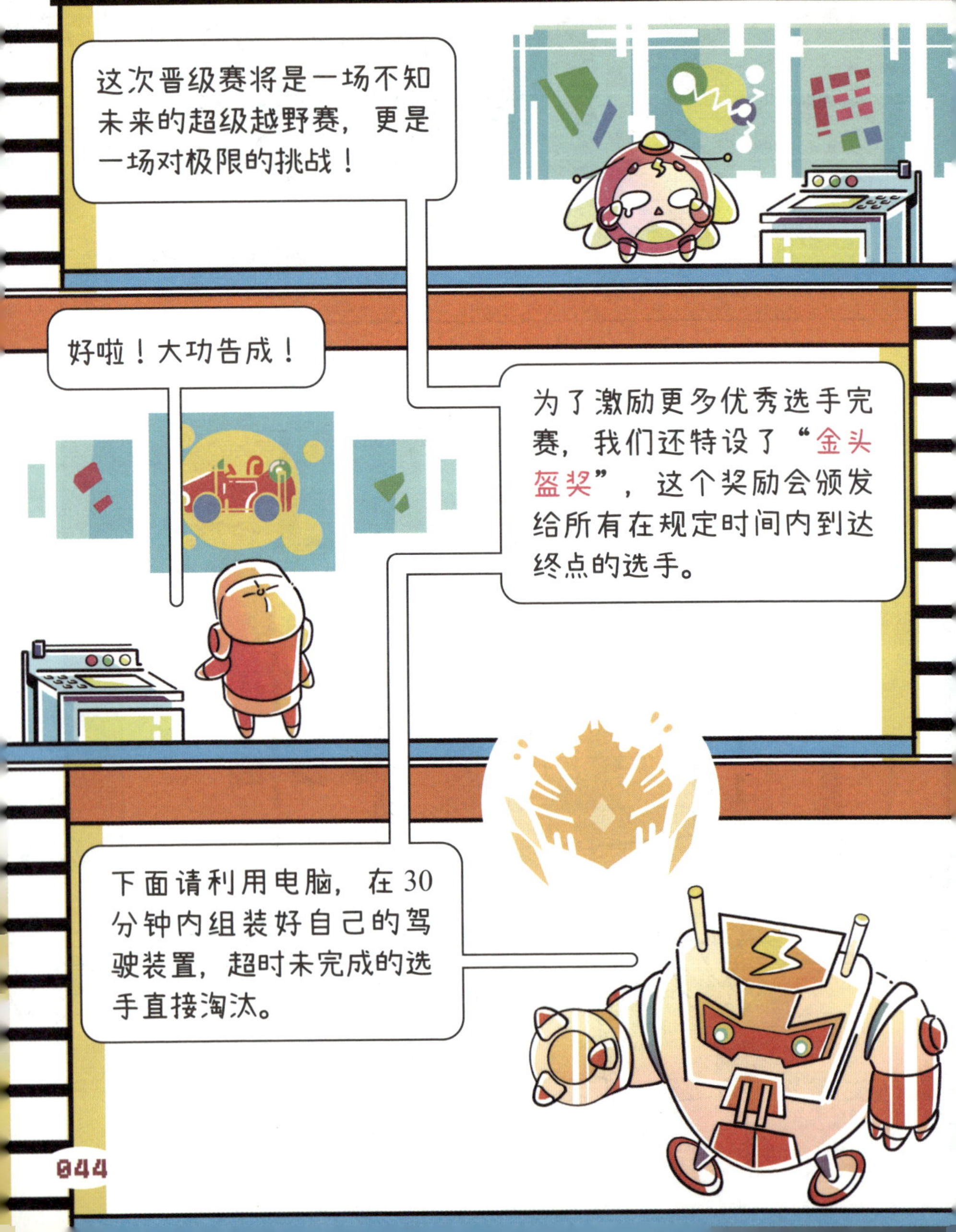

30 分钟很快过去，大多数选手都已组装完毕，只有极个别选手没有完成，直接被淘汰掉了。

众选手来到了工作仓区域，大家都选择的是机器人，唯独锂锂径直走向了一辆电动汽车，这引起旁边的镍霸一顿嘲讽。

啪！随着信号枪发出响声，越野正式开始。
哇！锂锂真可谓是一骑绝尘呐！
电动汽车在平路上快，待会儿越野就傻眼了！

由于起点距离石林路段还有一段距离，这一赛程是平坦的大道，选择驾驶电动汽车的锂锂显现出巨大优势，一路狂飙，遥遥领先于其他选择驾驶机器人的选手。有的选手不想落后太多，宁愿消耗大量电能，也要使用“超级加速”功能努力追赶。

锂锂驾驶着电动汽车第一个到达了石林路段，望着眼前泥泞和沙石鹅卵石纵横的路面，他果断按下了改变驾驶形态的按钮！

咔——咔——

电动汽车进入重组状态，有几个机器人渐渐赶了上来。

终于重组完毕，虽然此次锂锂改变装置形态所花费的时间已经算得上是极限了，但机器人们“超级加速”的势头也很猛！此时进入石林，其他选手与锂锂差距已不大。

石林的挑战有目共睹，不仅有大自然为选手们准备的天然“刑具”——例如山脉自上而下的流水形成的一道道河沟、泥泞，以及无数光滑的鹅卵石，还有赛事举办方搭建的木桩、碎石块等障碍物。

很多机器人倒在了这条近乎严酷的路上，关节断裂、传感器报销、电力驱动器损坏……有近1/3的机器人在此折戟。

前方已经隐隐约约能看到沙漠的影子了，锂锂所驾驶的机器人仍然保持第一。在充满未知障碍的赛段上打头阵是相当危险的一件事，于是，有一些机器人不再另外开辟道路，而是紧跟着锂锂的步伐。

历经万般艰险，一众选手在锂锂的带领下，终于一起跨越过了障碍重重的石林路段，美丽的大漠景致映入眼帘。

选手们可没心思欣赏这美景，感受到的只有大沙漠的威严与赛程的险恶——纵深的沙漠与起伏的沙梁使环境看起来四面相同，难以辨别方向；暗流涌动的流沙更是使这一段赛程危机四伏。

然而，除了地理因素，对电池选手们更要紧的一点是，此时温度竟高达 45 摄氏度！在高温环境下，选手们不得不将机器人的动作放慢下来，以稳定自身的性能。

小贴士

电池在高温下放电时，会缩短电池的使用寿命。如果超过 45 °C，会破坏电池内的化学平衡，导致副反应。

难能可贵的是，在这样极限的考验当中，选手们没有再一味地追求比赛的胜利，反而开始互相帮助起来。

不过，也不是所有电池人都能有这样的觉悟。瞧，镍霸又违反规则了，这次受害的是锰叨叨，迷路之后好一阵才被工作人员领回去。

小贴士

在所有的环境因素中，温度对电池的充放电性能影响最大。电池的心脏——电极/电解液，与环境温度的变化息息相关。

从高达 45 摄氏度的沙漠赛段出来，接着又投入零下 10 摄氏度的冰川赛段，对选手们来说，这无疑是一次“才出烤箱、又进冰箱”的极端考验。

小贴士

低温环境中，电池的容量和充放电能力会下降。

一片冰封的湖面迎面而来，此时出发时浩浩荡荡的队伍只剩下了寥寥数人。早有准备的几位选手不慌不忙地将机器人切换到冰面滑行模式，无法改变形态的机器人只能在冰面上缓步前行，没多久就电量耗尽了。

眨眼间就迎来了冰川赛段最后一个考验，也是本次障碍越野赛最后一个障碍——跨越湖面上漂浮的碎冰。

这样的动作对驾驶装置的要求极高，是要以不失力量却又轻盈灵敏的动作起步，才能在空中完成转体动作，成功抵达彼岸，稍有不慎便会在中途跌落到冰冷的湖水之中。

小贴士

设备进水对电池的危害主要是可能造成电池短路，而电池短路后便无法再次使用。

锂锂驾驶着电动汽车率先到达终点，大铅、锌博士、镍霸驾驶的机器人也相继抵达，晋级为四强。

恭喜，晋级赛第一名产生了，是锂锂！
终点线
听说您的驾驶装置会变形，您能说说是怎么回事吗？
恭喜您获得冠军，您的最终目标也是冠军吗？
非常感谢大家的关注，我想，现在我需要休息！

第一名锂锂，第二名大铅、第三名锌博士、第四名镍霸，恭喜四位实力强大的选手成功晋级！
这些头盔是为你们量身打造而成，它们不仅仅代表了你们不惧艰险、顽强拼搏的精神，更是我们电池王国使命、荣誉、责任的象征！
“金头盔”奖项无关于名次！在这场赛事当中，你们能够完赛，就是胜利！

4

艰难晋级！我有绝技！

本次大赛表现优异的选手俨然成为电池王国全民热议的对象，在大批粉丝的追捧下，大街上通通贴满了四人的海报，商店也纷纷推出了关于他们的周边产品。

万众瞩目的晋级赛结束了，四强名单出炉，决赛冠军会是谁呢？国民们对于比赛的猜测也是愈演愈烈，众说纷纭。

在紧凑的赛程安排下，锂锂、大铅、锌博士、镍霸都怀着紧张而又激动的心情来到了四进二比赛现场，选手需要通过现场抽签决定对手，进行两两对决。

锂锂抽到的是 1 号，对手是抽到 3 号的锌博士；抽到 2 号的大铅对战的是抽到 4 号的镍霸。

四进二比赛是在虚拟空间中进行的，选手们可以充分发挥自己的想象力，用电力幻化出自己需要的一切。

平日里，锂锂与锌博士在驾驶电动汽车的工作中就常常被拿来作比较，这还是头一次正面切磋呢，两人已经迫不及待了。

让我们来比
试一下！

天哪，绝技表演啊！
我能将空气转化为我的能量！
哇哦！
小贴士
锌-空气电池的正极活性物质来自于电池外部的空气中所含的氧，理论上有无限容量。
你确实很强，但我也不差！

我想，你还差
点儿想象力！

在这场电力比拼中，锂锂发挥了十足的想象力，既赢得了胜利，还给观众们带来一场视觉上的新奇体验，不过不知怎么了，比赛一结束他竟晕倒过去。

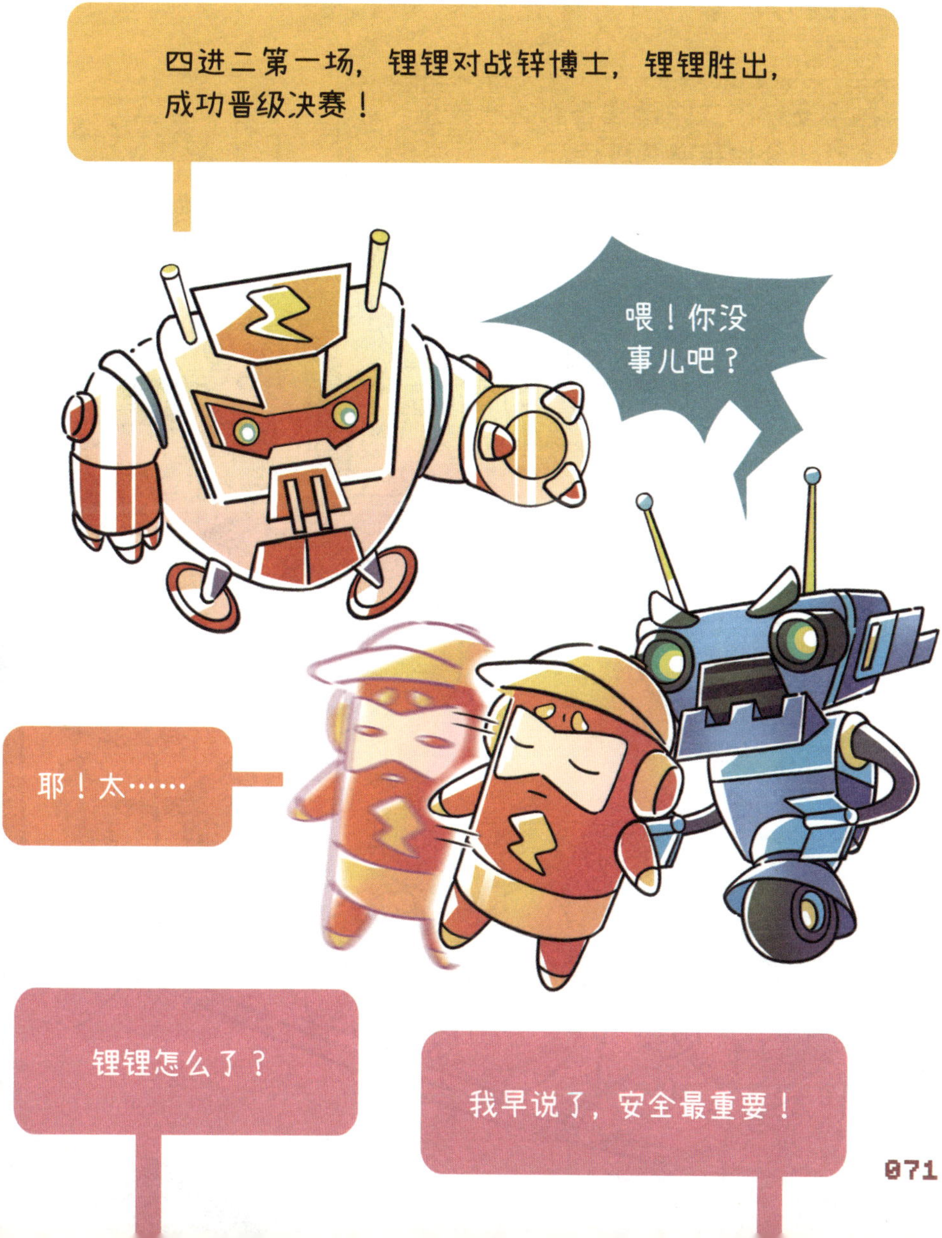

在赛场上，即使是深受人喜爱的选手出了意料之外的状况，比赛仍然要进行下去，这就是规则。

第二场大铅与镍霸的比拼如期进行在即，观众们在裁判的示意下渐渐安静下来。

四进二第二场，大铅对战镍霸，开始！

大铅和镍霸的决斗正式开始，虚拟空间却莫名变得很不稳定，观众们只看得到卡住的画面，纷纷抗议起来。

镍霸趁机给大铅说了许多没头没尾的话，大铅只当他又在耍花招，很快便进入了状态。

各位观众稍安勿躁，设备系统出现故障，正在紧急维护中。
不是吧？刚刚才坏了个电池，这下机器也坏了？
这让我们看什么？
卡了？
听着，兄弟，我很欣赏你。我不应该是你的敌人，我们只有联合起来……
没时间了！你记住，我的现在，就是你的未来！
别废话了！接招吧！

毫无疑问，专心战斗的大铅击败了镍霸，实现了与锂锂“决赛相见”的约定。看着台下的熙熙攘攘，镍霸只是一脸颓然地站在竞技台上。

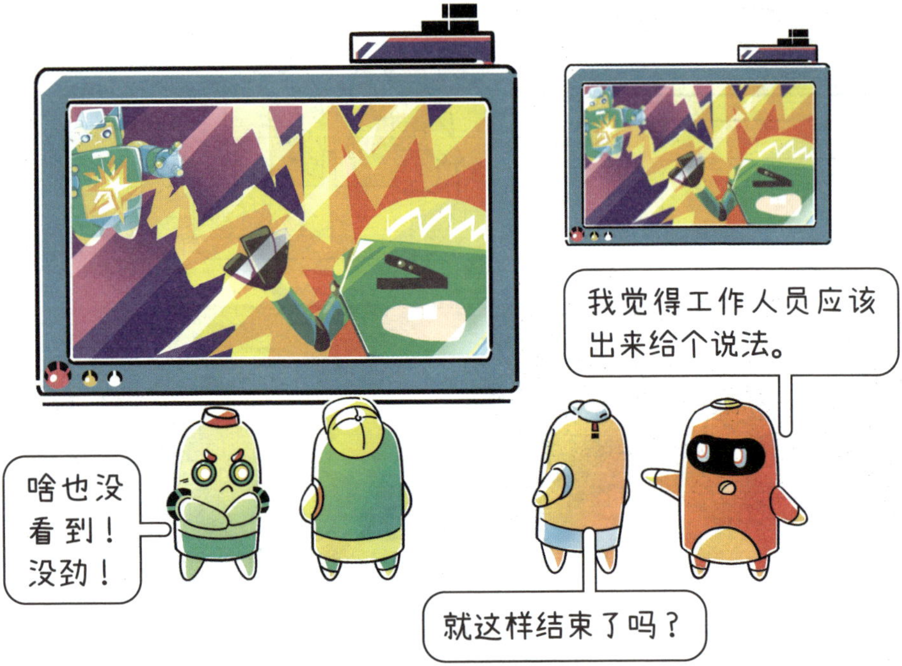

5

新王诞生

晋级赛一结束，大铅就火急火燎赶到了医院看望锂锂，原来锂锂是因为电能消耗过大，体力不支晕倒过去了。

锂锂刚从昏迷中醒来，就关心起比赛的情况，它担心镍霸再使坏，伤害到大铅。得知镍霸怪异的行为后，虽然感到不解，但最终决赛在即，锂锂也没有时间多想了。

次日，锂锂与大铅的对决即将拉开帷幕，国王也来到了比赛现场，宣布了他将亲自考核总冠军的重磅消息，这引起观众们更加议论纷纷。

电池竞技大赛——巅峰总决赛

姓名：王一硫

种族：二次电池

家族：钠－硫电池

适应温度：300～350℃

主要应用领域：削峰填谷、应急电源、风力发电储能等。

最终决赛是水上救援大比拼，选手们需要驾驶救生船，在规定时间内尽可能多地救援漂浮在河上的电池人。

怕水几乎是每一块电池的弱点，这场比赛，既是对选手们综合能力的考核，也是对其心理素质的考验。

水上救援大比拼

20 分钟内，救下 1 个电池，得 1 分，累计得分高者胜出。

提示：电池漂浮最长时间为 20 分钟，30 分钟后将沉下去。

电池防水受外在压力和自身密封性影响，救援需要及时，这是救生实战演习啊！

比赛刚开始，天空忽然变得乌云密布，一道道闪电划破长空。

在天气的变化下，赛事显得愈发焦灼起来。锂锂目前领先大铅1分，大铅心急如焚，竟不顾救生船仅限1人的载量，同时打捞起2个电池人往回走，这使它的救生船不断晃动，显得很不稳定。

超载并没有使大铅拉回得分，反而使水渗入了救生船内部，救生船向下沉了一大截。大铅的身体也沾到了水，浑身打颤起来，他只得忍着身体的不适坚持操作，最终只将一个电池人拖上了岸边，眼睁睁看着另一个电池人随水流飘走了。锂锂见大铅正在下沉，果断向铅大丢出了救生绳，这才将他拉了回来。

分数统计
12
11
巅峰对决，锂锂胜出，即将接受国王的考验！
比赛真精彩，刚开始以为大铅会赢！
你们看到没？锂锂救了大铅！
是呀，如果大铅最后能将那两个电池人拖上岸，就赢了！

观众们跟随比赛转移到了电池王国等级最高的比赛场馆——“能量之冠”场馆，来到了“王之挑战”比赛现场。

大家即将见证到电池王国历史上最激动人心的挑战，一个是实力深不可测的国王，一个是从众电池中脱颖而出的新秀，谁输谁赢，以及国王发起挑战的原因，都成了国民们口中津津乐道的谈资。

冠军授奖仪式结束，有请尊敬的国王——王一硫！
各位电池王国的公民们，锂锂已通过了大赛的各项考核。现在，我也将兑现自己的承诺——亲自对他进行考验。
这是一场王位挑战赛，年轻人，你做好准备了吗？
请国王赐教！
咔— 咔—
你说挑战国王意味着什么呢？
如果赢了能当国王？如果输了，不好说！

王之挑战赛，国王安排的是最简单直接的比赛方式，驾驶战斗机器人，每击中对手的机器人一次获得 1 分，三局两胜。

比赛刚刚开始，国王驾驶机器人猛地发射出一排排激光，锂锂环顾四周，避无可避，被击中后直接摔倒在地，丢掉 1 分。

正当锂锂面对国王的火力强攻一筹莫展之时，忽然发现国王从比赛开始就不曾移动过自身位置。这才想起来机器人 X 曾告诉过他，钠 - 硫电池家族在工作时不擅长移动，灵活性与安全性不够好！

想到这一点，锂锂重拾信心，利用自身的轻巧在国王身边不断游走，一边躲避激光，一边寻找着机会。

国王为了定位高速移动中的锂锂，不得不将攻势放缓，锂锂趁此间隙，凌空一跃，从空中发起攻击，一击即中。

双方平分了，稍事歇息，最后一局开始了。面对锂锂以守为攻、以退为进的战术，国王显得应接不暇。

但此时此刻，他更加确信自己没有看错——能够引领电池王国各个家族走向更加繁荣道路的领袖，一定要具备沉几观变和不断追求进步的精神。

锂锂再次找准机会，发起了最后一击，以2：1的成绩打败了国王，赢得了最后的胜利。

虽然我输了，但看到锂锂在比赛中的表现，我倍感欣慰。现在，电池王国正面临着巨大的危机，我年纪大了，无法在这场危机当中从容应对……
我宣布——我将正式禅位给锂锂。我们的国家将迎来一位更加勇敢、坚韧的国王！我相信他有能力保护每一位公民，为大家带来幸福。
你要带领全国各个电池家族团结一致，共度危机！这是一种使命，也是一种责任，只有一代接一代电池人的努力，我们电池大家族才会持续昌盛！
危机？
他有什么能力带来幸福？我的家族每年都有不幸发生，谁能改变这一切！

当锂锂走出赛场，门口早已被记者们围得水泄不通。对于国王提到的“危机”，电池王国人心惶惶。对此，锂锂十分不解，但同时这也让他意识到——在继任王位后，有更多问题在等待他解决！

电池大揭秘

电池的定义

在现代社会生活中，电池无处不在。

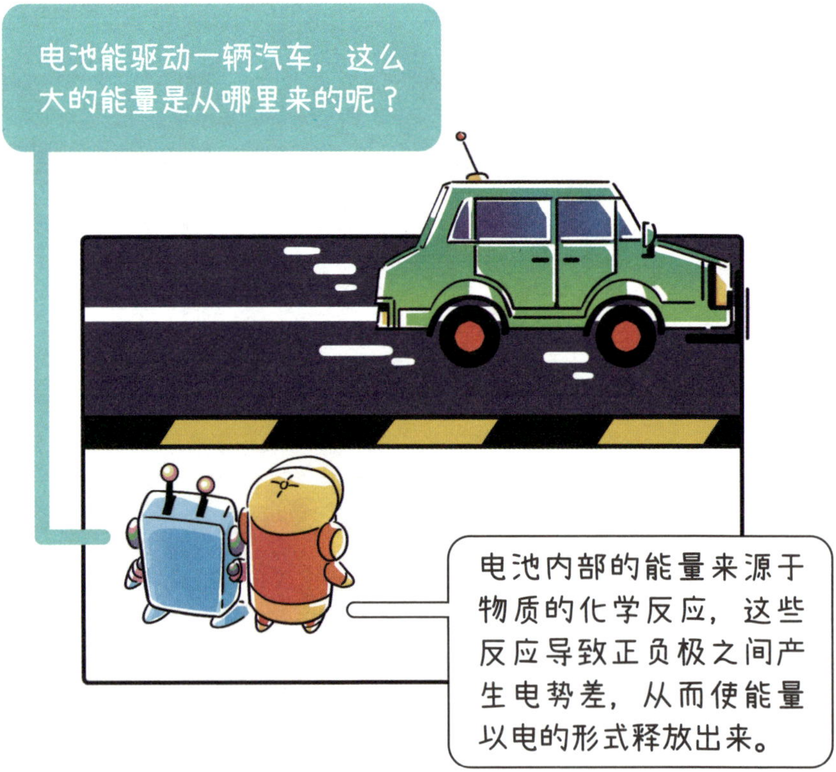

电池作为重要的电能来源，具有可以提供稳定电压的电流、长时间稳定供电、受外界影响很小等特点。同时电池结构简单，携带方便，充放电操作简便易行，不易受外界气候和温度的影响，性能稳定可靠。

电池的工作原理

每一个电池都是一个能量转换器，化学能直接转化为电能是电池内部自发进行氧化、还原等化学反应的结果。

要想真正理解电池的工作原理，我们先来了解“水果电池”。

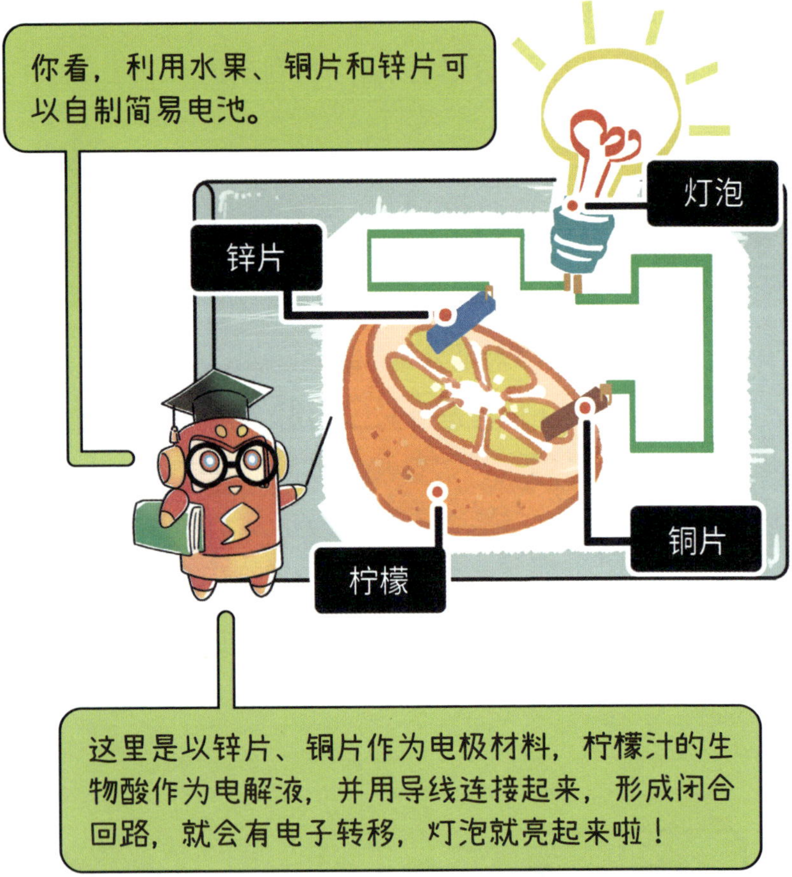

在电池王国中，每一种电池的样子各不相同，但无论形状如何变化，都离不开这四大关键组成部分——正极、负极、电解液和外壳。

电池为什么叫电“池”？

在将电池中的化学能转化为电能的过程中，电解液起到了至关重要的作用，导电以及化学反应都离不开它。

因此，电解液被人们誉为“电池的血液”。

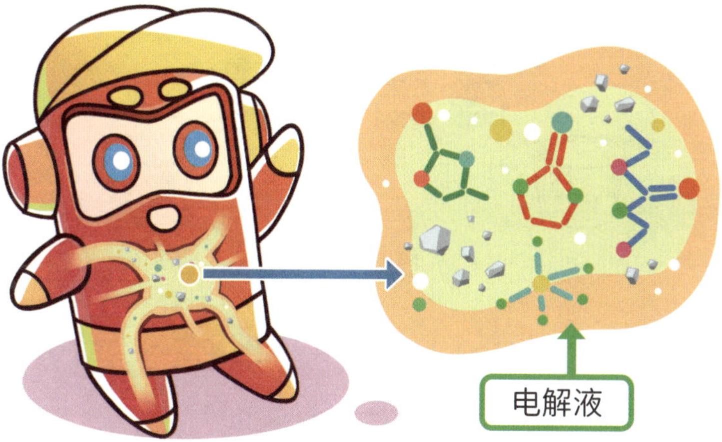

那么“电池”这个名字到底从何而来呢？电池的“池”又是什么含义呢？

其实，在最早的时候，电池并不叫作“电池”，而是被称为“电堆”“伏特堆”。

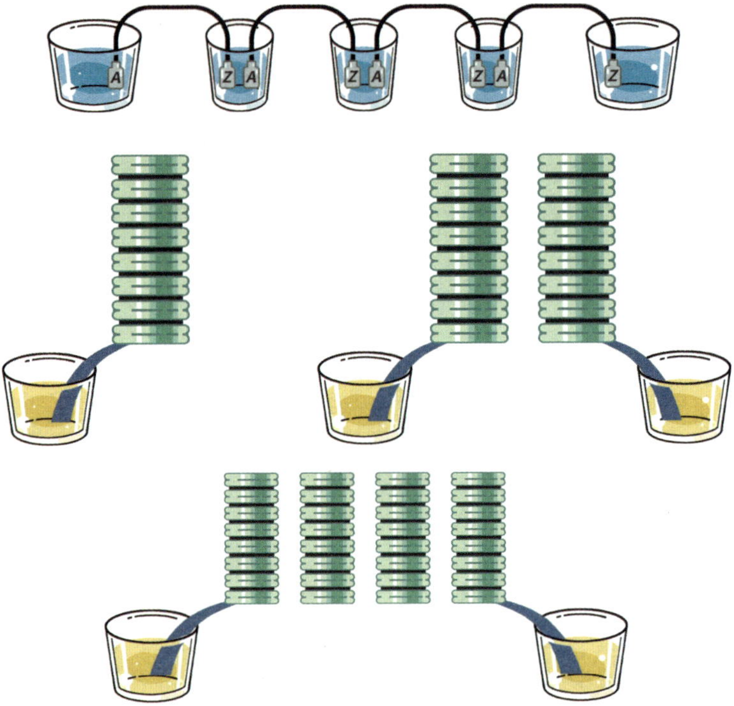

原始电池

后来，之所以被人们称为“电池”，是因为那时候用来装电解液的容器叫作“电解池”。于是，“电池”这个名字就这样被叫开了。

所以，电池的“池”指的是电解池，并不是普通的“水池”。

电池的分类

下图中这些形态各异的电池，都是现在国内外市场上的主流电池，那么我们该如何去判断，在电池王国内，它们各自是属于哪一个派别的呢？

锂离子电池

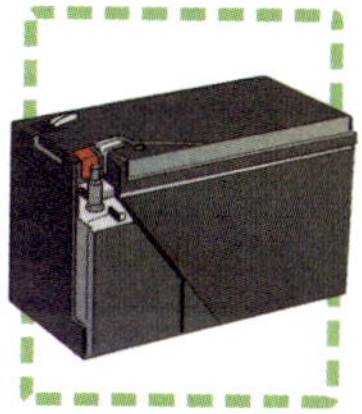

铅酸电池

碱锰电池

镍镉电池

镍氢电池

钠－氯化镍电池

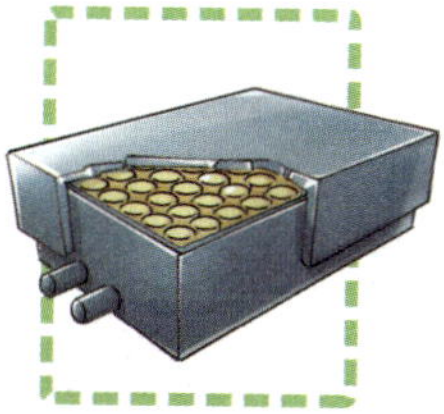

钠－硫电池

锌－空气电池

电池的种类繁多，在遵循一定的前提条件下，电池分类的方式有许多种。

电池按照能量转化的不同划分，可分为物理电池和化学电池；按电解液的种类划分，可分为酸性电池、碱性电池等；按正负极所使用的材料划分，可分为锌锰电池、镍镉电池和锂电池等；按照工作性质的不同划分，可分为一次电池和二次电池……

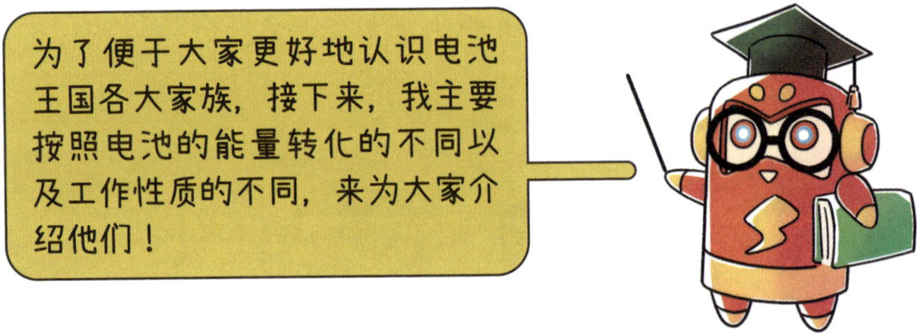

化学电池	一次电池	干电池、碱锰电池、锂电池、锌 - 汞电池、镉 - 汞电池、锌 - 空气电池、锌 - 银电池、固体电解质电池（银 - 碘电池）等
	二次电池	铅酸电池、镍镉电池、镍氢电池、锂离子电池、钠 - 硫电池等
	其他电池	燃料电池、空气电池、纸电池、光电池、纳米电池等
物理电池	太阳电池	

有一些电池是根据电极材料的区别来命名的。由于各自的制作材料和技术不一样，它们的“个性”也有很大不同。

认识了这么多种电池，怎样判断一块好电池呢？

一块电池最基本的判断标准是容量、功率、安全，需要通过各种测试来测验性能。

随着科技产品的更新迭代，对电池的要求也日益增多。对环境的适应性、可移动性、是否适用于多种设备等因素，都需要进行综合考量。

原来是这样，那你带我详细了解一下它们的性能吧！

探秘锂离子电池

锂离子电池属于二次电池，它主要依靠锂离子在正极和负极之间移动来工作。

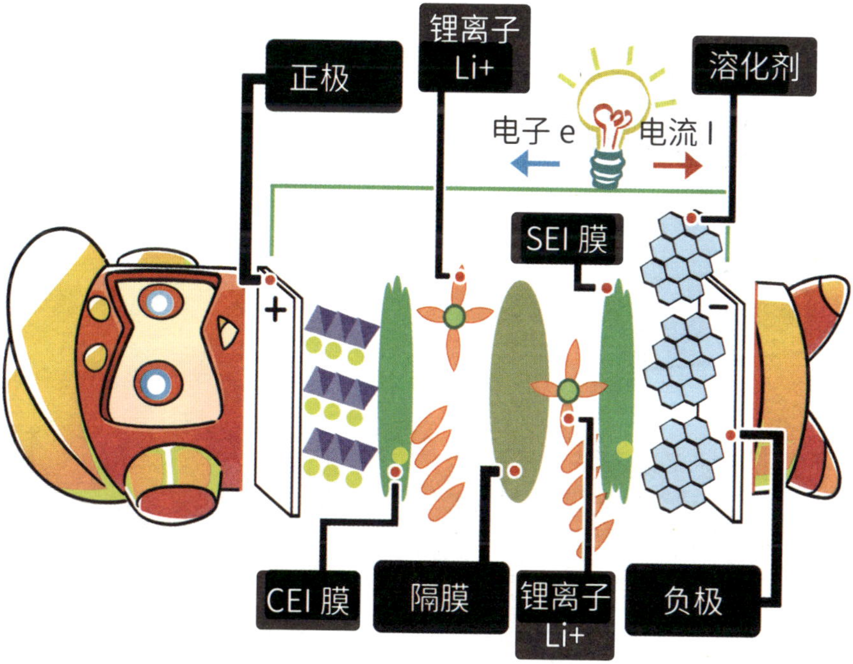

锂离子电池由于比能量大、重量轻、寿命长等优点，还是不含有毒物质的绿色电池，被人们广泛应用于轻便的可移动设备。

电池在一定条件下，对外做功所输出的电能，叫作“电池的能量”。“比能量”就是电池单位质量，或单位体积所具有的有效电能量。

在便携式电子设备领域，随着手机、相机、笔记本电脑等设备向轻、薄、小方向发展，人们对电池的稳定性、连续使用时间、体积、充电次数和充电时间等的要求越来越高。

作为先进二次电池的代表，锂离子电池具备的质量轻、体积小、续航时间长等优点恰好满足这些要求，在便携式电子设备领域获得了绝对优势的应用。

锂离子电池

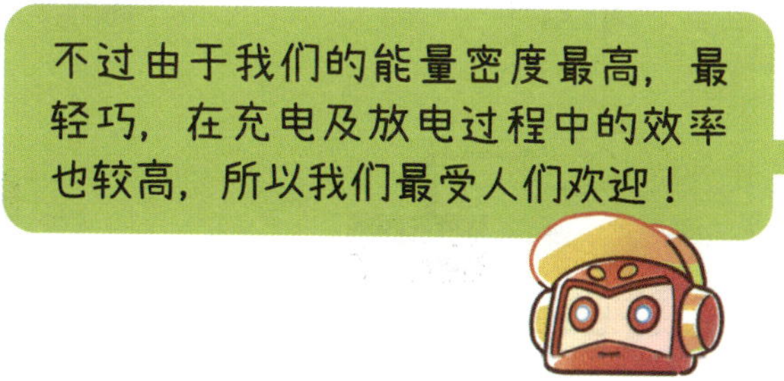

目前，在人们的日常生活中，提高纯电动汽车巡航里程是最为迫切的需求。

锂离子电池的质量与比能量最高，是动力电池首选，现在已经被广泛应用于混合动力电动汽车和纯电动汽车。

随着电动汽车的普及，锂离子电池产业迅速扩张。

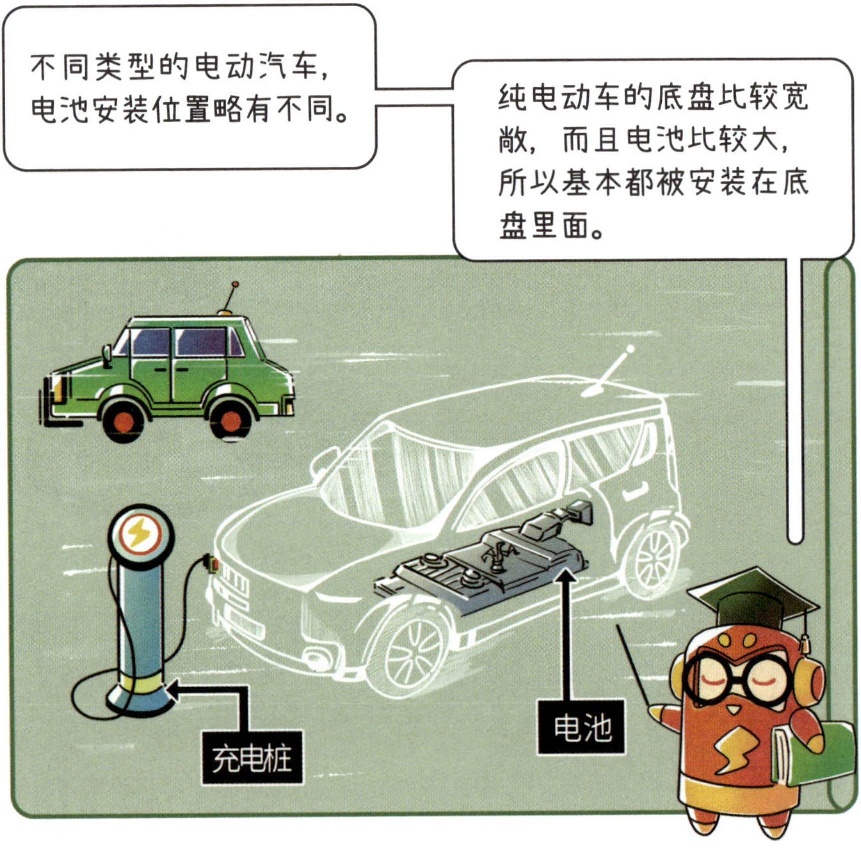

锂离子电池的维护与保养

电池的寿命决定于反复充放电次数。

大家在使用手机、笔记本电脑、照相机等便携式电器时，应及时充电，避免电量完全放尽再充电。

放电的深度是影响电池寿命的主要因素，放电的深度越高，电池的寿命就越短。换句话说，只要降低放电深度，就能大幅延长电池的使用寿命。

一般来说，保持在 20% ～ 80% 的电量，能使我们的工作寿命更长哦！

我们喜欢“浅充浅放”，就是说：充电不充满，放电不放完。

大家千万记住，虽然我们锂离子电池的工作温度在 -20℃～ 60℃，但禁止暴晒，或者冰冻，尤其要避免将我们长时间“存放”在停止使用的设备当中！

探秘铅酸电池

迄今为止，铅酸电池已经历了近 150 年的发展历程，可以说是电池大家族里的“老人”了！

作为早期出现的电池，铅酸电池积累了大量的经验，在各方面都得到了长足的进步。

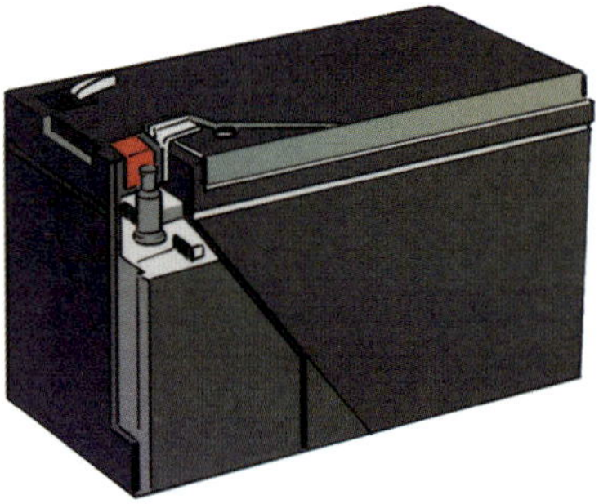

铅酸电池

铅酸电池由于具备经济适用、维护简单、使用寿命长，以及质量稳定、可靠性高等特性，不论是在交通、通信、电力、军事，还是在航海、航空等领域，都起到了不可缺少的重要作用。

在我们的生活中，常常见到的电瓶车里面的“电瓶”，大多都是采用的铅酸电池。

电动摩托车

电动自行车和电动摩托车等电动车已成为人们生活中的重要交通工具，电动车的使用寿命是消费者们最为关心的问题。

电池作为电动车的核心部件之一，电池的使用寿命在很大程度上决定了电动车的使用寿命。所以，加强对电池的保养，将能够延长电池的使用寿命。

铅酸电池的维护与保养

对于铅酸电池的保养，首先要注意的就是“天天用车，天天充电”，否则就会出现“亏电”的情况。

铅酸电池充电器

其次，影响电池寿命的因素，除了避免过度放电以外，还需要注意不要过度充电。如果充电时间过长，就要检查充电器电压保护装置有没有坏损。如果使用不适配或者已损坏的充电器，极易充坏电池。另外，如果长期使用快速充电器给电瓶车充电的话，同样对电池的极板有伤害。

探秘碱锰电池

一次电池俗称“用完即弃”电池，因为它们的电量耗尽后，无法再充电使用，只能被丢弃。

最常见的一次电池就包括了碱锰电池。最常见的碱锰电池有圆筒形和纽扣形两种，此外还有方形和扁形等品种。

碱锰电池

碱锰电池是以锌为负极，二氧化锰为正极，氢氧化钾溶液为电解液的原电池。

由于氢氧化钾溶液的凝固点较低、内阻小，因此，碱锰电池能在低温环境工作，并仍然能大电流放电。

优质的碱锰电池，贮存期可在 5 年以上，这是其他一次电池难以达到的。碱锰电池因具备使用方便、性能优良、对环境的适应性强以及贮存期长等特性，特别受到军事装备的青睐。

在野战条件下，没有市电，充电又极困难，全靠电池供电，贮备的碱锰电池可以说是通信装备的“粮食”！

我们碱锰电池家族虽然属于一次电池，不过我们的容量大，储存时间长，应用范围广。

可以用作遥控器、寻呼机、测试仪表、收音机、手持对讲机等装置的配套电源。

为什么她穿着羽绒服？

在气温较低地区户外使用照相机，尤其要注意相机或电池的保暖。

由于数码相机中的电池在气温过低的情况下，活性物质的活跃度大大降低，从而可能无法提供相机的正常工作电流。

碱锰电池家族很优秀，小小的身体有大大的能量，能在重负荷下连续工作的同时维持较高的稳定电压，并且在 -20 ～ 60℃之间都可以稳定工作。

曾经的碱锰电池名叫“碱性锌锰电池”，那时候的它体内还含有对人体有害的元素——汞。随着各类环保电池的普及，含汞电池被人们逐渐淘汰。

由于碱锰电池具有优异的性能，科学家们对它们进行了无汞化改良，改良后的产品被称为“无汞碱锰电池”。

目前，我国碱锰电池无汞化技术的研究受装备、零配件和材料等因素的制约，还有很大的发展潜力。

探秘镍氢电池

由于化石燃料在人类大规模开发利用的情况下越来越少，近年来，氢能源的开发利用日益受到重视。镍氢电池作为氢能源应用的一个重要方向越来越被人们注意。

镍氢电池是一种性能良好的电池，被称作“最环保”的电池，其回收再用的效率比锂离子电池还要好，被誉为“人类最理想的终极能源”。

镍氢电池

镍氢电池的特性与应用

最初的时候，镍氢电池仅仅只有高压镍氢电池这一种，但因其高成本、低安全性的特点，只能被应用在航天领域，并没有被广泛应用。

后来，科学家们研发出了低压镍氢电池，它们这才逐渐进入大众的视野，如移动电话、无绳电话、便携式照相机、笔记本、应急灯、家用电器等，都出现了镍氢电池的身影。

镍氢电池家族的可靠性强，循环寿命长，可达到数千次之多，即使在温度达到零下 10 度，性能都不受影响，而且可以快速充放电。

目前，镍氢电池除了被广泛应用到移动通讯、笔记本计算机等各种小型便携式的电子设备以外，更大容量的镍氢电池已经开始用于汽油 / 电动混合动力汽车里，世界各国都在加紧此项技术的研究。

汽车在低速行驶状态时，通常会比在高速行驶状态下消耗更多的汽油。利用镍氢电池可快速充放电的特性，在汽车高速行驶时，发电机所发的电可储存在车载的镍氢电池中；在低速行驶时，利用车载的镍氢电池驱动电动机来代替内燃机工作。这样一来，既可以保证汽车正常行驶，又节省了大量的汽油。

镍氢电池家族离不开一种叫“稀土”的材料。将稀土材料应用于镍氢电池的研制与开发，能够起到改善电池的性能以及延长使用寿命的作用。

我国拥有丰富的稀土金属资源，这是我国能源领域的一大骄傲！

探秘镍镉电池

镍镉电池是最早被应用于手机的电池种类，具有良好的大电流放电特性，耐过充和耐过放能力强，维护简单，经济耐用，是一种理想的直流供电电池。

镍镉电池

我们的寿命长，放电性能优异，工作温度适应性强，在零下 30℃至 50℃之间都没问题。

我们的工作领域还很广呢！任何无线设备的相关工作，我们都有能力胜任！

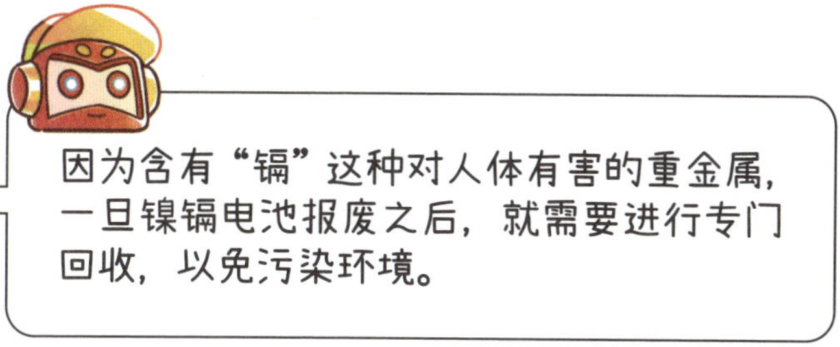

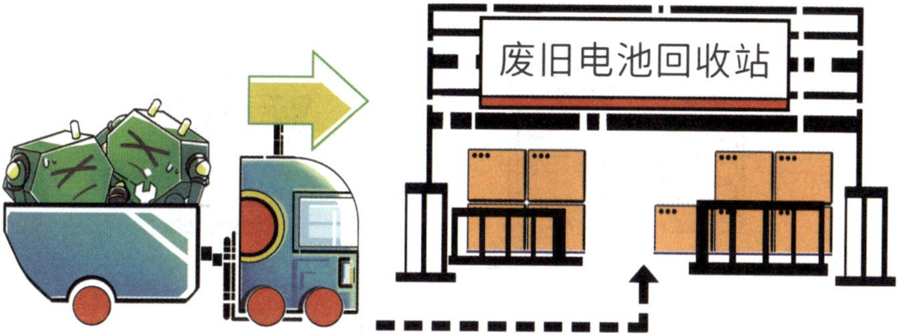

镍镉电池体内含有大量的 Ni、Cd 和 Fe，其中 Ni 是钢铁制造、电器生产、有色合金冶炼以及电镀工业等多个领域的重要原料，Cd 是电池制造、颜料生产和合金冶炼等多个领域使用的稀有金属，但这种金属有剧毒，如果将废弃电池乱扔的话，会污染到土壤、水域等环境。食用这些环境中生长的蔬菜、鱼等食品，会对人的健康造成伤害。

现在，镍镉电池因对人体健康和生态环境危害较大，已被列入了危险废物控制名录。

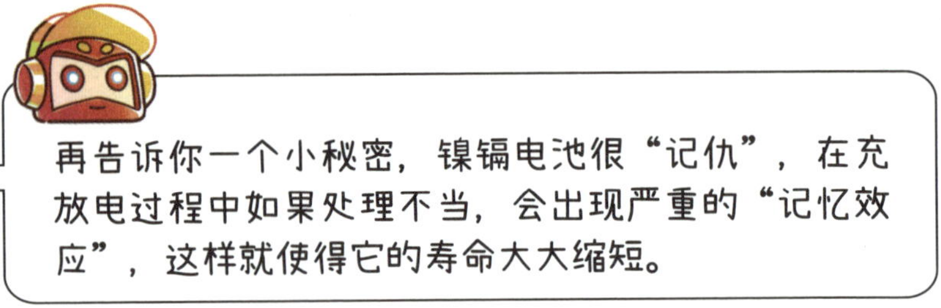

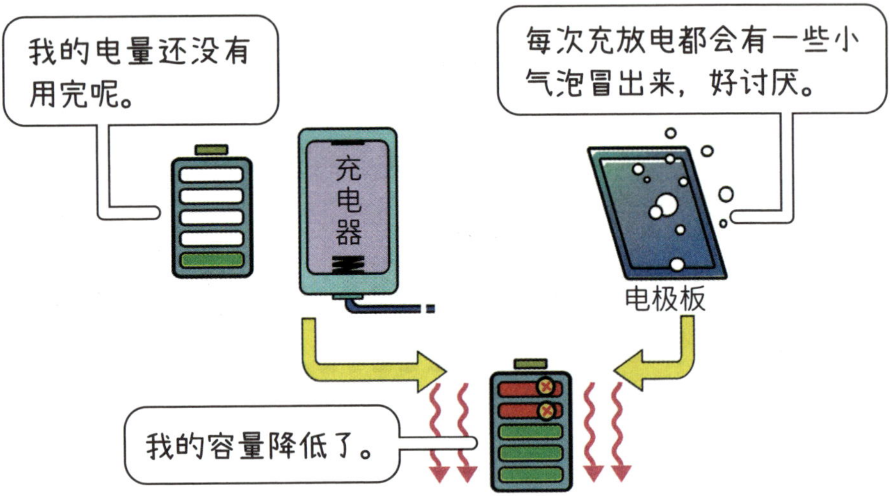

记忆效应又称电池结晶效应，指电池在充电前，电池的电量没有被完全放尽，久而久之，将会引起电池容量的降低。在电池充放电的过程中，电池极板上会产生些许的小气泡，日积月累，这些气泡减少了电池极板的面积也间接影响了电池的容量。

不过这种效应一般只会发生在镍镉电池身上，可以通过掌握合理的充放电方法来减轻“记忆效应”。

探秘镍氢电池与镍镉电池

咦？那里好像有别的电池人！

那应该是镍镉电池家族的人。自从人类开始用镍氢电池代替镍镉电池以后，他们就面临着即将失业的风险，行为变得有些鬼鬼祟祟起来。

镍氢电池是由镍镉电池改良而来的，正极处的化学反应类似于镍镉电池。它们的正极都是使用氢氧化镍氢氧化物。但是，镍氢电池的负极是以能吸收氢的金属代替镉。

镍氢电池对比镍镉电池，有三个最主要的优势：

第一，能量密度比较高，与相同型号镍镉电池对比，镍氢电池容量是镍镉电池的两倍，这意味着在不额外增加用电设备重量时，使用镍氢电池能大大延长设备工作时间。

第二，镍氢电池另一优点是大大减少了镍镉电池中存在的“记忆效应”问题，从而使得镍氢电池可更方便地使用。

第三点也是最关键的，就是镍氢电池比镍镉电池更环保，因为它内部没有有毒重金属镉元素。

作为二次电池家族的后起之秀，镍氢电池以相同的价格提供比镍镉电池更高的电容量，具有不明显的记忆效应，以及比较低的环境污染（不含有毒的镉），逐渐开始在各个应用领域替代镍镉电池的工作。

探秘锌 - 空气电池

锌 - 空气电池是一种体积小、电荷容量大、质量小、能在宽广的温度范围内正常工作、无腐蚀且工作安全可靠的环保电池。

纽扣形
锌 - 空气电池

锌 - 空气电池以空气中的氧气为正极活性物质，金属锌为负极活性物质，以氯化铵或苛性碱溶液为电解质，具有安全、零污染、高能量、大功率、低成本及材料可再生等优点。

大型锌-空气电池主要用于铁路和航海灯标装置上。纽扣形锌-空气电池已广泛用于助听器中。

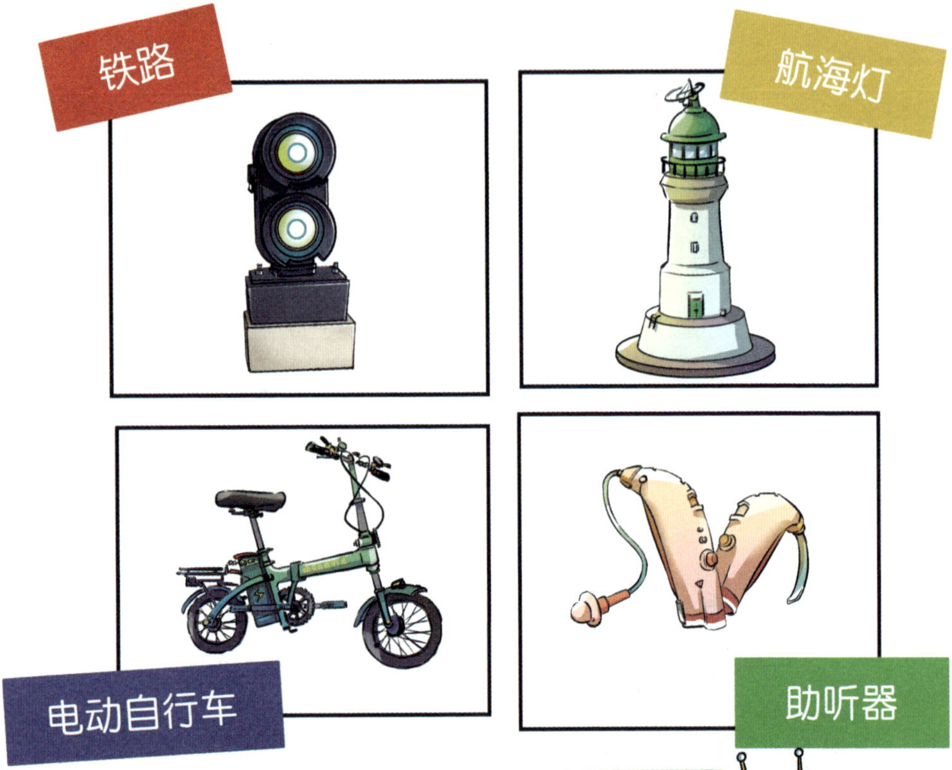

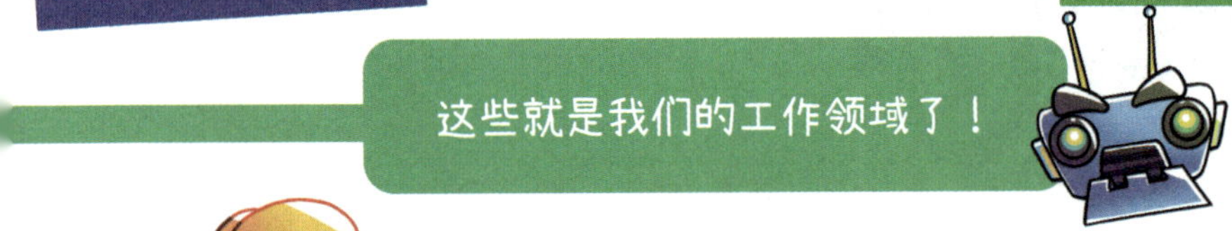

虽然现在批量生产锌-空气电池的工艺还不成熟，不过电池王国在这一领域正在不断发展，未来，他们有可能是电动汽车的理想动力电源呢！

探秘钠 - 氯化镍电池

钠 - 氯化镍电池也被称为钠盐电池，是在钠 - 硫电池研制基础上发展起来的一种新型高能热电池。

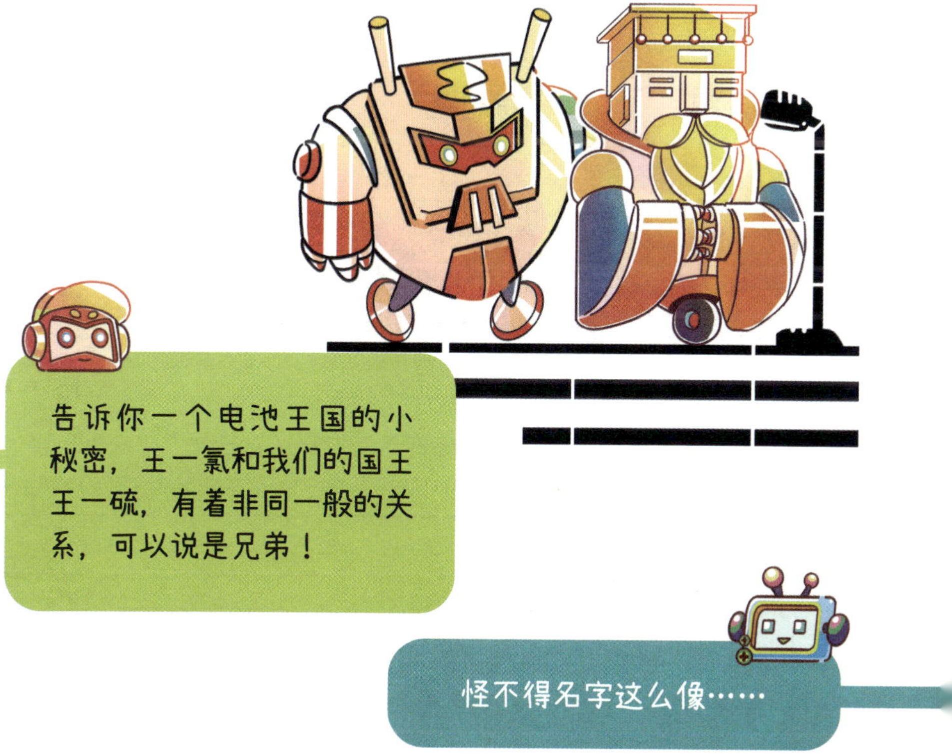

钠 – 氯化镍电池

钠 - 氯化镍电池具有性质稳定，安全性高，使用寿命长，应用范围广，原材料易获得并且无毒，废品回收工艺简单且无污染等特点。

钠 - 氯化镍电池家族的工作温度比较高，在 250 ～ 350℃范围内，由于他们工作时候自带加温设置，所以外在温度对他们影响不大，即使进行 100 次冷热循环，他们的容量和寿命都没有丝毫影响。

钠 - 氯化镍电池又被称为“Zebra 电池”，如果你跟他们打招呼，叫他们斑马电池，他们也会答应的。

它们和斑马是亲戚吗？

哈哈！当然不是。这里的“Zebra”，其实是英文“Zero emission battery research activity”的缩写，意思是：一种零排放无污染的绿色电源。

钠 - 氯化镍电池最突出的优势就在于它的安全性好、可靠性高，具有过热状态下不会着火、爆炸等特性，并且电池性能与周围环境温度完全无关，能在恶劣环境下工作。

钠 - 氯化镍电池通过了极为严格试验的安全考核试验，甚至可以承受如海水浸泡、子弹冲击、高空坠地、燃烧，以及耐寒耐热等极端条件。

虽然性能优异，但钠 - 氯化镍电池在工作时，需要保持在 300℃上下的温度，热循环启动需要 12 ～ 15 小时，目前主要应用于电网储能、通讯基站及动力电源领域。

探秘钠 - 硫电池

钠 - 硫电池作为一种新型化学电源，自问世以来已有了很大发展。钠 - 硫电池体积小、容量大、寿命长、效率高，在电力储能中广泛应用于削峰填谷、应急电源、风力发电等储能方面。

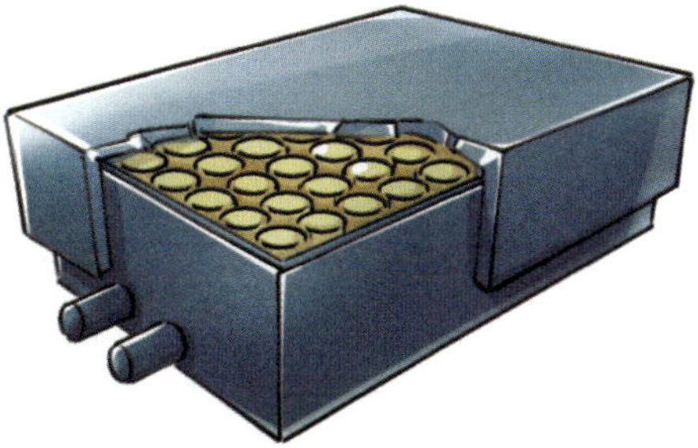

钠－硫电池

钠－硫电池是由熔融电极和固体电解质组成，正极活性物质为液态硫和多硫化钠熔盐，负极活性物质为熔融金属钠。

太阳能、风能等新能源虽然洁净，但发电功率很不稳定。这会给整个电网带来不期而至的“洪峰”。储能电站会将这些“绿电”先照单全收，再根据电网需求输出。

它的“蓄洪”性能非常优异，即使输入的电流突然超过额定功率的 5 ～ 10 倍，它也能泰然承受，再以稳定的功率释放到电网中——这对于大型城市电网的平稳运行尤其有用。

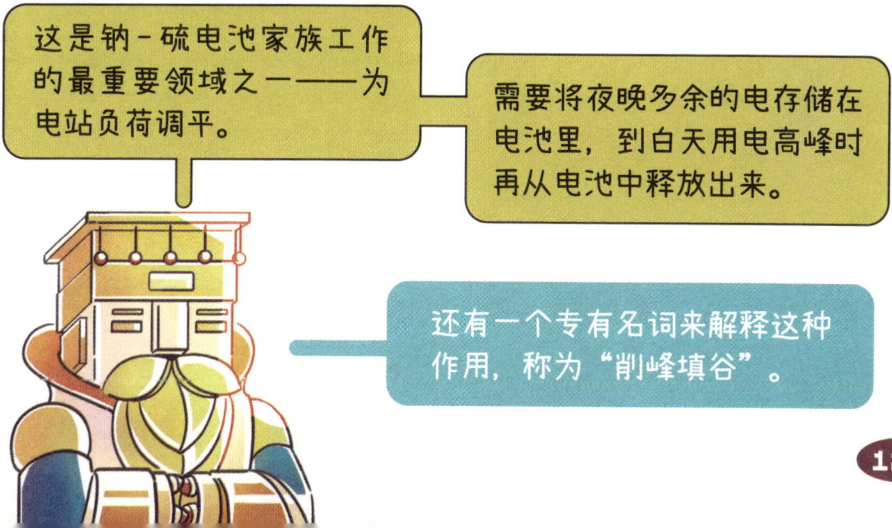

钠 - 硫电池具有独到的储能优势，主要体现在原材料和制备成本低、能量和功率密度大、效率高、不受场地限制、维护方便等方面。

它的工作原理是——钠与硫通过化学反应，将电能储存为化学能，当电网需要更多电能时，它又会将化学能转化成电能，释放出去。

图书在版编目（CIP）数据

电池大家族 / 马建民主编 . — 成都：电子科技大学出版社，2024.7
（“电池科普与环保”系列图书；1）
ISBN 978-7-5770-0506-5

Ⅰ . ①电… Ⅱ . ①马… Ⅲ . ①电池 – 普及读物 Ⅳ . ① TM911-49

中国国家版本馆 CIP 数据核字（2023）第 159228 号

电池大家族
DIANCHI DAJIAZU
马建民　主编　咪柯文化　绘

策划编辑　谢忠明　段　勇
责任编辑　韩　昊
责任校对　谢忠明
责任印制　段晓静

出版发行　电子科技大学出版社
　　　　　成都市一环路东一段 159 号电子信息产业大厦九楼　邮编 610051
主　　页　www.uestcp.com.cn
服务电话　028-83203399
邮购电话　028-83201495

印　　刷　四川煤田地质制图印务有限责任公司
成品尺寸　148 mm×210 mm
印　　张　4.5
字　　数　69 千字
版　　次　2024 年 7 月第 1 版
印　　次　2024 年 7 月第 1 次印刷
书　　号　ISBN 978-7-5770-0506-5
定　　价　32.00 元